Referent: Geh. Reg.-Rat Prof. Dr.-Ing. E. h. Brix
Korreferent: Geh. Baurat Prof. Dr.-Ing. E. h. de Thierry

Die Dissertation erscheint auch als selbständiges Buch
im Verlage von Julius Springer, Berlin

Meinem Vater

in Dankbarkeit

gewidmet

ISBN 978-3-662-27734-8 ISBN 978-3-662-29224-2 (eBook)
DOI 10.1007/978-3-662-29224-2

Lebenslauf.

Am 18. Mai 1890 wurde ich, Willy Friedrich Gustav Adolf Sichardt, evangelischer Konfession, als Sohn des Eisenbahninspektors Friedrich Sichardt und seiner 1919 verstorbenen Ehefrau Pauline geb. Carl zu Neudietendorf in Thüringen geboren.

Ich besuchte das Realgymnasium in Erfurt, das ich Ostern 1908 mit dem Reifezeugnis verließ. Nach vorbereitenden, naturwissenschaftlichen Studien an der Universität Jena im Sommersemester 1908 widmete ich mich von Beginn des Wintersemesters 1908 ab dem Studium des Bauingenieurwesens an der Technischen Hochschule zu Berlin. Während der akademischen Sommerferien war ich zweimal praktisch im Baubetriebe der Preußischen Eisenbahnverwaltung tätig, und zwar vom 1. August bis 30. September 1909 bei der Eisenbahnbauabteilung in Gera/Reuß als Baueleve und vom 15. Juli bis 15. Oktober 1911 bei der Eisenbahnbauabteilung Jena als besoldeter Bauaufseher. Zu Ende des Sommersemesters 1910 bestand ich in Berlin die Diplom-Vorprüfung und im Mai 1913 ebendaselbst die Diplom-Hauptprüfung.

Vom 1. Juni 1913 bis 15. August war ich auf dem Entwurfsbüro für Baukonstruktionen des Hoch- und Tiefbaues des Zivilingenieurs Dr.-Ing. E. h. Otto Leitholf zu Berlin als Konstrukteur tätig und trat anschließend als Regierungsbauführer in den Dienst der Preußischen Staatseisenbahnverwaltung.

Meine Tätigkeit bei der Eisenbahndirektion Berlin unterbrach ich am 1. Oktober 1913, um bei dem Königl.-Preußischen Eisenbahn-Regiment Nr. 1 in Berlin-Schöneberg meiner militärischen Dienstpflicht zu genügen. Bei Beginn der Mobilmachung rückte ich Anfang August 1914 als einjährig-freiwilliger Unteroffizier mit der Eisenbahnbaukompanie 4 aus und stand — vom 2. September 1915 ab als Leutnant d. R. — ununterbrochen bis Kriegsende im Felde. Mit dem Eisernen Kreuz I. und II. Klasse ausgezeichnet, wurde ich am 31. Januar 1919 aus dem Heeresdienst entlassen.

Ich nahm anschließend meinen Dienst bei der Eisenbahndirektion Berlin wieder auf und wurde nach Ablegung der Staatsprüfung im Eisenbahn- und Straßenbaufache am 3. August 1920 zum Regierungsbaumeister ernannt. Bis zum 19. September 1921 war ich im Brückenbaudezernat der Eisenbahndirektion Berlin tätig, wo ich — neben verschiedenen Entwürfen für Eisenbahnbrücken in Eisen und Eisenbeton — die Berechnung und Konstruktion der eisernen Bahnhofshallen für den Umbau des Bahnhofs Berlin-Friedrichstraße bearbeitete.

Am 20. September 1921 trat ich in die Dienste der Siemens & Halske A.-G., Elektrische Bahnabteilung, aus der am 1. Oktober 1921 die Siemens-Bauunion G. m. b. H. Kommanditgesellschaft hervorging. Ich bin bis heute in der Abteilung Grundwasserabsenkung dieser Gesellschaft tätig, seit dem 5. Mai 1924 als Oberingenieur. Seit nunmehr 4 Jahren bin ich mit der Führung der Geschäfte dieser Abteilung beauftragt. Mein Arbeitsgebiet umfaßt in der Hauptsache die Entwurfsbearbeitung und Durchführung von Ingenieurbauten und Schachtanlagen im Grundwasser, außerdem Tiefbohrungen, Bohrpfahlgründungen und Grundwasserabdichtungen. Die Leitung zahlreicher Grundwasserabsenkungsarbeiten, die mich nach vielen Teilen des deutschen Reiches, ferner nach Holland, Belgien, der Schweiz, Deutsch-Österreich und Ungarn führte, gab mir Gelegenheit, Theorie und Praxis der Grundwasserabsenkung eingehend kennenzulernen.

Seit dem 16. Februar 1921 bin ich mit Charlotte geb. Moritz verheiratet und habe aus dieser Ehe eine Tochter und einen Sohn.

Willy Sichardt.

Inhaltsverzeichnis.

Seite

I. Die Grundlagen der Theorie des Grundwasserabsenkungsverfahrens und die Entwicklungsaussichten des Verfahrens . . 1

A. Bedeutung, Fortschritte und Aussichten des Grundwasserabsenkungsverfahrens 1

1. Die neuere Entwicklung des Verfahrens S. 1. — 2. Aussichten auf eine Ausdehnung des geographischen Anwendungsgebietes S. 2. — 3. Die technische Weiterentwicklung S. 3.

B. Stand der Theorie 8

1. Allgemeines S. 8. — 2. Das Grundgesetz S. 9. — 3. Die Grundwerte S. 10.

II. Theorie des Brunnenfassungsvermögens 17

A. Ableitung der Grundformeln 17

1. Begriff des Brunnenfassungsvermögens und des Fassungswertes S. 17. — 2. Zusammenhang zwischen Fassungsvermögen und Spiegelgefälle am Brunnenaußenmantel S. 20. — 3. Beweise für das Auftreten eines Grenzgefälles des Grundwasserspiegels S. 20. — 4. Die Größe des Grenzgefälles und seine Abhängigkeit vom k-Wert S. 23. — 5. Aufstellung einer Formel für die Abhängigkeit des Grenzgefälles am Brunnen vom k-Wert S. 25. — 6. Beziehungen zwischen der Korngröße des Filtermaterials und der wirklichen Grundwassergeschwindigkeit an der äußeren Brunnenmantelfläche S. 29.

B. Der Einfluß des Fassungsvermögens auf die Absenkung eines Einzelbrunnens 35

1. Ableitung der erweiterten Absenkungsformeln S. 35. — 2. Ergänzung der von Kyrieleis mitgeteilten Zahlenbeispiele über die Absenkung eines Einzelbrunnens S. 39.

C. Die Mehrbrunnenanlage und das Fassungsvermögen ohne Berücksichtigung des Einflusses des Brunnenabstandes auf die Größe des Grenzgefälles am Brunnenaußenmantel 43

1. Ableitung der erweiterten Absenkungsformeln S. 43. — 2. Entwicklung einer graphischen Auswertung der Grundformel $H^2 - y^2 = \frac{Q}{\pi k} \ln \frac{R}{A}$ S. 49.

D. Die Mehrbrunnenanlage und das Brunnenfassungsvermögen unter Berücksichtigung des Brunnenabstandes 52

1. Der Einfluß des Brunnenabstandes auf das Gefälle am Brunnenaußenmantel S. 52. — 2. Ableitung der Absenkungsgleichungen für den Fall kreisförmiger Brunnenanordnung S. 64.

Seite

III. Auswertung der erweiterten Absenkungsgleichungen an Hand von Zahlenbeispielen unter besonderer Berücksichtigung größerer Absenkungstiefen 66

A. Der Einfluß des Brunnenfassungsvermögens auf die erreichbare Spiegelsenkung 66

B. Der Einfluß des Brunnenfassungsvermögens auf die Größe des Wasserandranges, den die Absenkungsanlage aufzunehmen imstande ist . 69

C. Die günstigste Eintauchtiefe der Absenkungsbrunnen bei gegebenem Halbmesser A in Abhängigkeit vom Brunnenfassungsvermögen . . 72

D. Beziehungen zwischen dem Halbmesser A des Brunnenkreises und der Eintauchtiefe der Brunnen sowie dem Wasserandrang bei einer bestimmten Absenkung 74

E. Tiefsenkung über einer grundwassertragenden, undurchlässigen Schicht 79

F. Anordnung engerer Brunnenabstände; $b < 5 \cdot 2 x_0 \pi$ bzw. $\lambda < 5$ . . 83

IV. Schlußwort 85

Schrifttum 88

I. Die Grundlagen der Theorie des Grundwasserabsenkungsverfahrens und die Entwicklungsaussichten des Verfahrens.

A. Bedeutung, Fortschritte und Aussichten des Grundwasserabsenkungsverfahrens.

1. Die neuere Entwicklung des Verfahrens. In seiner bedeutsamen, noch heute als grundlegend anzusehenden Arbeit „Grundwasserabsenkung bei Fundierungsarbeiten“ hat Kyrieleis[1] im Jahre 1913 den damaligen Stand des Grundwasserabsenkungsverfahrens eingehend behandelt und die ansteigende Entwicklung dieses Hilfsmittels der Tiefbautechnik dargelegt.

Daß weiterhin die Grundwasserabsenkung mittels Rohrbrunnen zur Trockenlegung von Baugruben noch an Bedeutung gewonnen hat, bezeugen mehrfache Hinweise[2] im seither erschienenen Fachschrifttum verbunden mit einer Reihe von Beschreibungen neuerer Ausführungen.

Das Anwendungsgebiet des Verfahrens hat sich vergrößert, seine Beliebtheit ist gewachsen, die Kenntnis seiner Vorzüge hat sich weiter ausgebreitet. In Deutschland und im benachbarten Holland, wo — begünstigt durch den geologischen Aufbau weiter Gebiete und deren hydrologische Verhältnisse — die Grundwasserabsenkung früher und schneller als in anderen Ländern bekanntgeworden ist[3], schreiben heute in zahlreichen Fällen die bauvergebenden Stellen die Anwendung des Verfahrens bei der Ausschreibung von Tiefbauarbeiten vor.

---

[1] Kyrieleis, W.: Grundwasserabsenkung bei Fundierungsarbeiten. Berlin: Julius Springer 1913.

[2] Kress, H.: Der heutige Stand des Grundwasserabsenkungsverfahrens und seine Bedeutung für die Tiefgründungstechnik. Mittlg. aus den Gesellsch. Siemens & Halske A.-G., Siemens-Schuckertwerke G. m. b. H. Januar 1914. — Enzweiler, M.: Die Grundwasserabsenkungsmethode in ihrer Anwendung auf den Unterwassertunnelbau. Berlin 1918. — Schultze, J.: Die neuere Entwicklung des Grundwasserabsenkungsverfahrens. Bautechnik 1923. — Derselbe: Die Grundwasserabsenkung in Theorie und Praxis. Berlin: Julius Springer 1924. — Sichardt, W.: Fortschritte des Grundwasserabsenkungsverfahrens, dargestellt an neueren Ausführungen. Bauing. 1923. — Derselbe: Grundwasserabsenkung im Bergbau. V. D. I. Nachr. vom 27. Februar 1924. — Derselbe: Das Grundwasserabsenkungsverfahren beim Teufen im wasserreichen Gebirge. Dt. Bergwerkszg. Jubiläumsausgabe Nr. 7 vom März 1925.

[3] Kyrieleis, W.: Grundwasserabsenkung bei Fundierungsarbeiten S. 3ff.

In einer Reihe anderer Länder Europas ist die Anwendbarkeit, teilweise unter schwierigen Verhältnissen, durch bemerkenswerte Ausführungen erwiesen worden; so in Schweden bei dem Schleusenbau in Södertälje[1], in Belgien bei Schleusenbauten in Ostende[2] und bei Antwerpen[3], in der Schweiz bei der Gründung des Erweiterungsbaues der Züricher Kantonalbank[4], in Deutsch-Österreich bei der Gründung des Krafthauses der Wasserkraftanlage Gratwein bei Graz[5]. Eine Ausführung in Übersee, wohl die erste außerhalb Europas, erwähnt J. Schultze: Die Absenkungsanlage für den Bau des Kriegsdocks in Puerto Militar in Argentinien[6].

2. Aussichten auf eine Ausdehnung des geographischen Anwendungsgebietes. Trotz dieser beachtenswerten Erfolge stehen wir hinsichtlich der Weiterverbreitung des Verfahrens nicht am Ende der Entwicklung. Ein gewaltiges, geographisches Anwendungsgebiet bleibt noch zu erschließen. Einen ungefähren Aufschluß über dessen Größe gibt die nachfolgende Tabelle (Zahlentafel 1) nach v. Tillo[7] über die Verbreitung der hauptsächlich als Grundwasserträger in Betracht kommenden alluvialen, diluvialen und äolischen Ablagerungen auf der Erdoberfläche:

Zahlentafel 1.

	In Hundertsteln der Erdteile					
	Nord-amerika	Europa	Asien	Süd-amerika	Afrika	Australien
Alluvium . . .	1	5	3	27	2	—
Diluvium . . .	23	36	1	4	—	—
Äolische Bildungen (Flugsand)	—	—	8	1	13	19

Diese Zusammenstellung zeigt, wenn auch nur angenähert, daß diejenigen Bodenformationen, die sich aus lockeren Haufwerken loser

---

[1] Sichardt, W.: Fortschritte des Grundwasserabsenkungsverfahrens usw. Bauing. 1923, S. 602.

[2] Schonnopp, K. E.: Gefährdete Baugruben. Bautechn. 1926.

[3] Bonnet, L. u. S. Blockmans: The Drainage of Dock Excavations. The Dock and Harbour Authority. April 1925. — Bonnet, L.: Épuisement par tubes filtrants de la fouille de la nouvelle écluse maritime du Kruisschans à Anvers. Techn. Trav. Lüttich: Juni 1925.

[4] Wehe, H.: Tiefgründungen in der Nähe bestehender Bauwerke. Dt. Bauzg. 1925, H. 27. — Die Grundwasserabsenkung beim Neubau der Züricher Kantonalbank. Mitgeteilt von der Firma Locher & Cie., Zürich. Schweiz. Bauzg. vom 27. September 1924.

[5] Sichardt, W.: Das Grundwasserabsenkungsverfahren bei der Gründung des Krafthauses in Gratwein. Wasserwirtsch. H. 12, Wien 1926.

[6] Schultze, J.: Die Grundwasserabsenkung in Theorie und Praxis. S. 39. Berlin: Julius Springer 1924.

[7] Prinz, E.: Handbuch der Hydrologie S. 50. Berlin: Julius Springer 1919.

Gesteinstrümmer — Sanden und Kiesen — zusammensetzen und in denen sich infolge dieser Zusammensetzung die Bewegung von Wasseransammlungen nach den Filtergesetzen vollzieht, im Aufbau des oberen Teils der Erdrinde den breitesten Raum einnehmen. Bedenkt man noch, daß die Mehrzahl der menschlichen Siedlungen, insbesondere die Städte sowie die Verkehrs- und Industrieanlagen, sich in den Tiefebenen und Flußtälern entwickelt haben, die vornehmlich aus den losen, nicht verfestigten Ablagerungen des Alluviums und Diluviums aufgebaut sind, beachtet man ferner, daß dichte Siedlung, starker Verkehr und hochentwickelte Industrie die Lösung zahlreicher Tiefbauaufgaben voraussetzen, so erscheint es berechtigt, die Aussichten auf eine weitere erfolgreiche Verbreitung des Grundwasserabsenkungsverfahrens als sehr günstig zu bezeichnen.

3. Die technische Weiterentwicklung. Wenden wir uns zu dem technischen Stand des Absenkungsverfahrens, so ist ebenfalls festzustellen, daß in den 14 Jahren seit dem Erscheinen der Kyrieleisschen Arbeit Fortschritte erzielt worden sind, die von J. Schultze[1] und vom Verfasser[2] an anderer Stelle einer Betrachtung unterzogen worden sind. Auch hier ist die Entwicklung noch nicht abgeschlossen.

Man hat zwar gelernt, alle praktisch vorkommenden grundwasserführenden Bodenschichten, von den feinen, mehr oder minder ton- und kleihaltigen Sandschichten des Küstengebiets bis zu den gröberen Sand- und Kiesschichten im Mittel- und Oberlauf der Flüsse trockenzulegen, ferner durch geeignete Filterkonstruktionen und Entlüftungsanlagen die schädlichen Einwirkungen etwa im Grundwasser vorhandener Säuren und Gase zu bekämpfen, durch geschickte Anpassung der Erdarbeiten und der eigentlichen Bauarbeiten an die Grundwasserabsenkungsarbeiten eine Einschränkung des Umfangs der Absenkungsanlage zu erreichen; die wichtigen und schon längere Zeit im Gange befindlichen Bestrebungen, durch Einführung einer geeigneten Tiefbrunnenpumpe die stufenförmige Anordnung der Brunnen, die sog. Staffelung, ganz zu vermeiden, sind jedoch noch nicht zum Abschluß gekommen.

Die bei dem Bau des Spreetunnels an der Inselbrücke in Berlin erfolgte Anwendung einer Mammutbrunnenanlage[3] (Abb. 1 u. 2), die Verwendung der Dreikolbenpumpe beim Bau der Schöneberger Untergrundbahn[4]

---

[1] Schultze, J.: Die neuere Entwicklung des Grundwasserabsenkungsverfahrens usw.

[2] Sichardt, W.: Fortschritte des Grundwasserabsenkungsverfahrens usw.

[3] Steen, Th.: Mammutpumpenanlage zur Untertunnelung der Spree. Zentralbl. Bauverw. 1911. — Enzweiler, M.: Die Grundwasserabsenkungsmethode usw.

[4] Gerlach, F.: Die elektrische Untergrundbahn der Stadt Schöneberg. Z. Bauw. 1911.

Abb. 1. Mit Mammutpumpen betriebene Tiefbrunnenanlage beim Bau des Spreetunnels an der Inselbrücke in Berlin. (Entnommen aus Siemens-Zeitschrift April 1927.)

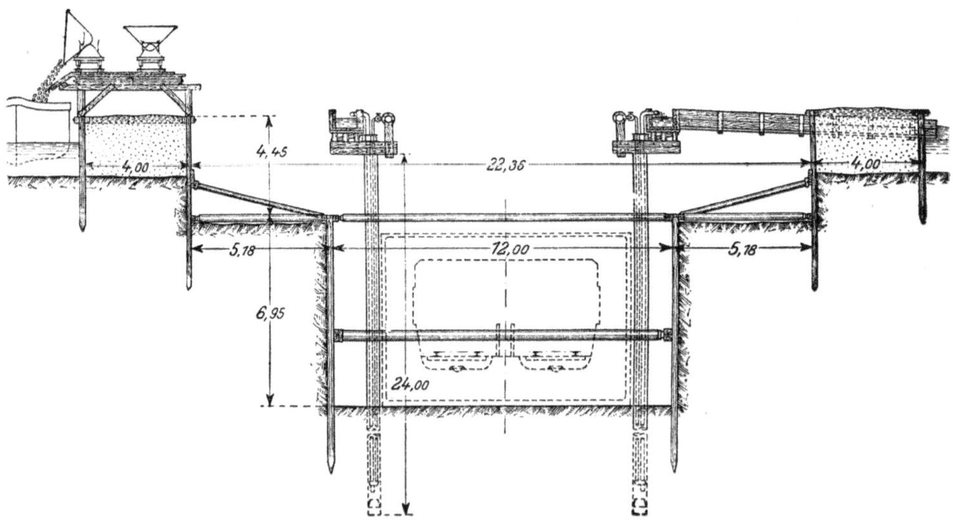

Abb. 2. Mammutpumpenanlage beim Bau des Spreetunnels an der Inselbrücke in Berlin. Querschnitt durch die Baugrube. (Entnommen aus Siemens-Zeitschrift April 1927.)

(Abb. 3 u. 4) sind bemerkenswerte Versuche gewesen, die vorerwähnte Aufgabe zu lösen.

Befriedigte das Ergebnis dieser älteren Ausführungen zwar noch nicht in wirtschaftlicher Hinsicht, so zeigten jene Anwendungsbeispiele von Tiefbrunnen doch bereits, daß — sofern die Frage der Hebung der den Brunnen zufließenden Wassermengen in technisch vollkommenerer Weise gelöst sein wird — die auf die Tiefbrunnen gesetzten Erwartungen[1] voll berechtigt sind.

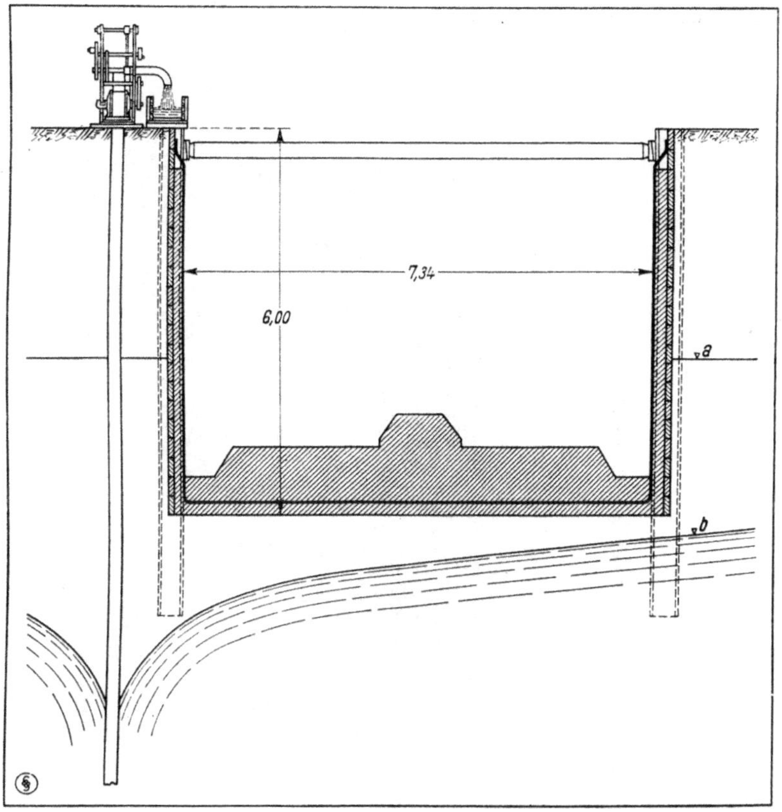

Abb. 3. Grundwasserabsenkung beim Bau der Schöneberger Untergrundbahn mittels Dreikolbenpumpen der Siemens-Schuckertwerke. Querschnitt durch die Baugrube mit abgesenktem Grundwasserspiegel. (Entnommen aus Siemens-Zeitschrift April 1927.)

Die technische Überlegenheit der Tiefbrunnen über die normalen 10 m langen Absenkungsbrunnen zeigte sich neuerdings bei der Grundwasserabsenkung für die beiden Schächte der Matador-Bergbaugesellschaft m. b. H.[2] in der Niederlausitz (Abb. 5). Während die Niederzwingung

[1] Sichardt, W.: Fortschritte des Grundwasserabsenkungsverfahrens usw. Bauing. 1923, H. 22, S. 603.

[2] Müller, H.: Der Aufschluß des zweiten Flözes der Grube Matador bei Senftenberg. Braunkohle 1925, H. 1. — Sichardt, W.: Das Grundwasserabsenkungsverfahren beim Teufen usw.

des Grundwasserspiegels bei Schacht I mit Hilfe von 4 Staffeln normaler Absenkungsbrunnen erfolgte (eingebaut nach dem Verfahren der Siemens-Bauunion G. m. b. H. Kommanditgesellschaft), reichte bei Schacht II eine Anlage von 12 Tiefbrunnen, die als Sickerbrunnen[1] betrieben wurden, völlig aus — auch nachdem die erwähnten 4 Staffeln wieder beseitigt waren — den Grundwasserspiegel im abgesenkten Zustand

Abb. 4. Untergrundbahnbau in Berlin-Schöneberg. Dreikolbenpumpe der Siemens-Schuckertwerke. (Entnommen aus Siemens-Zeitschrift April 1927.)

zu halten. Hätte man bei Beginn des Abteufens über betriebssichere und wirtschaftlich arbeitende Tiefbrunnenpumpen verfügen können, so hätte man die erwähnten Staffeln unter Ersparung von Aufbau- und Betriebskosten ebenfalls als Tiefbrunnen ausbilden können.

Die endgültige Lösung des Problems ist heute in der Hauptsache eine maschinentechnische Frage. Am geeignetsten für den Tiefbrunnenbetrieb erscheinen die sog. Motorsenk- oder Tauchmotorpumpen[2] (Abb. 6), bei

[1] Vgl. S. 21ff.

[2] Steiner: Tiefbohrwesen, Förderverfahren und Elektrotechnik in der Erdölindustrie. Berlin: Julius Springer 1926.

denen Motor und Pumpe unmittelbar durch eine senkrechte Welle zu einem Aggregat verbunden sind, das als Ganzes in den Tiefbrunnen hinabgesenkt wird. Die Hauptschwierigkeit bei der Konstruktion solcher Senkpumpenaggregate macht die Abdichtung des Motors gegen das Eindringen von Wasser. Ein solcher Schutz ist nötig, da damit zu rechnen

Abb. 5. Grundwasserabsenkung für die Doppelschachtanlage der Matador-Bergbaugesellschaft m. b. H. bei Senftenberg (Nieder-Lausitz), nach dem Verfahren der Siemens-Bauunion, Berlin. (Entnommen aus Mitteilungen der Siemens-Bauunion 1927.)

ist, daß der Motor, auch wenn er über der Pumpe angeordnet wird, längere Zeit, wenn nicht ständig, unter Wasser arbeiten muß. Bei dem Betrieb einer Probegrundwasserabsenkungsanlage in Niederfinow[1] im Jahre 1925 gelang es, ein Senkpumpenaggregat etwa 2 Monate lang ohne Unterbrechung und Störung bis zum Schluß des Versuches zu betreiben, und zwar unter den verhältnismäßig ungünstigen Bedingungen, wie sie der Baustellenbetrieb mit sich bringt. Man darf erwarten, daß nunmehr auch praktische Versuche mit mehreren Senkpumpen zu-

[1] Ausgeführt durch die Siemens-Bauunion G. m. b. H. Kommanditgesellschaft.

gleich[1] gemacht werden und die erste Tiefsenkung ohne Staffel ausgeführt wird.

Damit würde die bisher wohl wichtigste, seit langem vorbereitete und durch viele Versuche geförderte, technische Weiterentwicklung der Grundwasserabsenkung praktisch in Erscheinung treten. Die erwarteten Umwälzungen werden ihren Anfang nehmen, alte Aufgaben aus der Gründungstechnik werden einfachere Lösungen finden und neue Anwendungsgebiete werden erschlossen und erweitert werden. Insbesondere wird die Trokkenlegung sehr tiefer und enger Baugruben — hierzu rechnen auch Schachtanlagen in wasserreichem Gebirge — ganz wesentlich vereinfacht werden, da die Baugrube in keiner Weise mehr durch Rohrleitungen und Maschinen eingeengt sein wird.

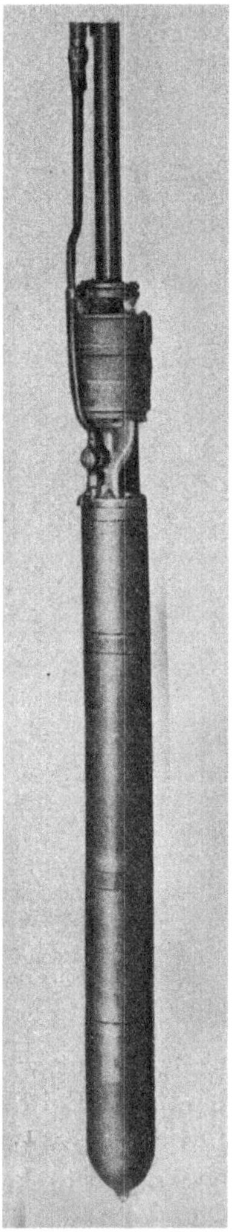

Abb. 6. Motorsenkpumpe für Tiefbrunnen. Die bei der Grundwasserabsenkung für den Umbau und die Erweiterung der Staatsoper Unter den Linden in Berlin zur Verwendung gekommene Tauchmotorpumpe der Siemens-Schuckertwerke.

B. Stand der Theorie.

1. Allgemeines. Sind somit alle Anzeichen vorhanden, daß für die Grundwasserabsenkung eine weitere günstige Entwicklung sowohl hinsichtlich ihrer weiteren Verbreitung als auch in technischer Beziehung erwartet werden kann, so liegt die Frage nahe, ob die Theorie heute so ausgebaut ist, daß sie allen Anforderungen, die die Praxis hinsichtlich der Berechnung von Grundwasserabsenkungsanlagen stellt, gerecht werden kann.

Die nahe Verwandtschaft zwischen der Grundwasserabsenkungsmethode und der Brauchwassergewinnung mittels Rohrbrunnen hat es mit sich gebracht, daß an der Aufstellung und Weiterentwicklung der

[1] Inzwischen wurden durch die Siemens-Bauunion G. m. b. H. Kommanditgesellschaft eine Reihe verschiedener Senkpumpen bei der Grundwasserabsenkungsanlage für den Umbau der Staatsoper in Berlin mit bestem Erfolg angewandt (vgl. auch Tietze, H.: Die Tiefbauarbeiten beim Umbau der Staatsoper in Berlin. Dt. Bauw. 1927 und Sichardt, W.: Die Anwendung von Tiefbrunnenpumpen zur Trockenlegung von Baugruben. Siemens-Zeitschrift April 1927).

Theorie ein verhältnismäßig großer Kreis von Fachleuten beteiligt ist, die teils dem städtischen Tiefbau bzw. der Technik der Wasserversorgung, teils dem Grundbau nahestehen. Die erstgenannte Gruppe hat besonders zur Entwicklung der für die Bewegung von Grundwasser im Untergrund allgemein in Betracht kommenden Grundgesetze und -gleichungen beigetragen, während die zweite naturgemäß mehr zur Berücksichtigung des Sonderfalls der Grundwasserabsenkung hinneigte. Von einer scharfen Trennung beider Gruppen kann natürlicherweise nicht gesprochen werden, da letzten Endes alle einschlägigen Arbeiten beiden Zweigen der Tiefbautechnik zugute kommen. Besonderen Nachdruck möchte ich darauf legen, daß wegen der vorerwähnten Verwandtschaft der Umfang des für das Grundwasserabsenkungsverfahren in Frage kommenden Schrifttums ein besonders großer ist.

Überblickt man die Fülle der bisherigen Arbeiten, von deren Verfassern hier nur Darcy, Dupuit, A. Thiem, Ph. Forchheimer, Prinz, Rother, Versluis, Smreker, Kyrieleis und J. Schultze genannt seien, so könnte leicht der Eindruck entstehen, daß die Theorie des Grundwasserabsenkungsverfahrens nunmehr erschöpfend genug behandelt worden ist. Eine nähere Betrachtung zeigt jedoch, daß die Theorie nicht unwesentliche Lücken aufweist, deren baldige Beseitigung erwünscht ist. Die wichtigsten noch fehlenden Ergänzungen sind im folgenden zusammengefaßt.

2. Das Grundgesetz. Der Streit um das Grundgesetz, das die Abhängigkeit der Durchflußgeschwindigkeit von dem jeweils vorhandenen Gefälle und dem Durchlässigkeitsbeiwert des Filtermaterials angibt, ist noch nicht endgültig entschieden. Zwar hat das Gesetz von Darcy bis in die neueste Zeit die meisten Anhänger und Verfechter gefunden, doch hat es nicht an Forschern gefehlt, die jenes Gesetz lebhaft bekämpft haben und mit neueren Theorien hervorgetreten sind. Erwähnt seien die Arbeiten Smrekers[1], denen gegenüber M. Rother[2] sich sehr lebhaft für das Gesetz von Darcy eingesetzt hat. In den letzten Jahren hat sich ferner Beger[3] für das von Forchheimer[4] in seiner Abhandlung „Wasserbewegung durch Boden" aufgestellte Potenzgesetz entschieden. Forchheimer hat in der erwähnten Arbeit alle damals bekannten Ansichten über das Grundgesetz gegenübergestellt und ausdrücklich

[1] Smreker, O.: Das Grundwasser, seine Erscheinungsformen, Bewegungsgesetze und Mengenbestimmung. Leipzig: Wilh. Engelmann 1914.

[2] Rother, M.: Übergang vom ruhenden Grundwasser zum Grundwasserstrom. Wasser u. Gas 1921, Nr. 19.

[3] Beger, Karl: Versuche zur Bestimmung der Wasserdurchlässigkeit von Sand. Bauing. 1922, S. 680ff. — Derselbe: Zur Beurteilung von Grundwasserabsenkungsflächen beim Brunnenbetriebe. Bautechn. H. 3, 19. Januar 1923.

[4] Forchheimer, Ph.: Wasserbewegung durch Boden. Z. V. d. I. S. 1737 bis 1777. 1901.

auf bei praktischen Versuchen festgestellte Abweichungen vom Darcyschen Gesetz hingewiesen. Trotzdem hat er in späteren Arbeiten, die zum Teil mehr auf die Bedürfnisse der Praxis zugeschnitten sind[1], das Gesetz von Darcy zugrunde gelegt. Lummert[2], der ebenfalls einen Vergleich zwischen den verschiedenen Anschauungen angestellt hat, hält gleichfalls an der einfachen Proportionalität nach Darcy fest.

In der Theorie des Grundwasserabsenkungsverfahrens ist das Darcysche Gesetz bis heute alleinherrschend. Die Thiemsche Brunnenformel und Forchheimers Gleichung für Mehrbrunnenanlagen, die beide vom Darcyschen Gesetz ausgehend abgeleitet sind, sind durch Kyrieleis für die Grundwasserabsenkung nutzbar gemacht bzw. erweitert worden; Enzweiler, Bohlmann und J. Schultze sind dem Beispiel von Kyrieleis gefolgt und stützen sich wie er auf Darcy.

So wünschenswert eine restlose Klärung in der Frage des Grundgesetzes ist, so zweifelhaft ist es, ob bei den durch die Verschiedenartigkeit und Mannigfaltigkeit der Bodenzusammensetzung gegebenen Schwierigkeiten eine endgültige Lösung überhaupt erwartet werden kann. Ein Anlaß, bei der Berechnung von Grundwasserabsenkungsanlagen zu einem anderen Gesetz überzugehen, liegt daher zur Zeit um so weniger vor, als keine größere Sicherheit und Genauigkeit der Rechnung zu erwarten ist; ja die umständlicheren, von Darcy abweichenden Gesetze erschweren eher die Rechnung und machen bei verwickelteren Brunnenanordnungen, wie sie im Gegensatz zu Wasserversorgungsanlagen häufig vorkommen, eine Lösung sogar unmöglich.

3. Die Grundwerte. Wichtiger als die vorbehandelte Frage des Grundgesetzes ist die — allerdings mit ihr eng verbundene — der Bestimmung der in die Rechnung einzusetzenden Grundwerte, die von der Art und Zusammensetzung des grundwasserführenden Untergrundes abhängig sind, in welchem die Absenkung zu bewerkstelligen ist.

Zu diesen Rechnungsgrundwerten sind folgende in der Absenkungsformel für eine Mehrbrunnenanlage mit kreisförmiger Brunnenanordnung[3]

$$H^2 - y^2 = \frac{Q}{\pi \cdot k} \cdot \ln \frac{R}{A}$$

auftretenden Werte zu zählen:

1. Der Durchlässigkeitsbeiwert des Untergrundes k;
2. die Mächtigkeit der grundwasserführenden Bodenschicht, in welcher die Absenkung erfolgen soll H;
3. die Reichweite der Absenkung R.

---

[1] Forchheimer, Ph.: Hydraulik 1914. — Derselbe: Zur Theorie der Grundwasserströmungen. Wien 1919.

[2] Lummert, R.: Neue Methode der Bestimmung der Durchlässigkeit wasserführender Bodenschichten. Braunschweig 1917.

[3] Kyrieleis, W.: Grundwasserabsenkung usw. S. 45, Formel (38).

Ferner ist zu den Grundwerten zu rechnen:

4. die Brunnenleistung.

Dieser Leistungswert, der weiterhin als Fassungsvermögen bezeichnet wird, gibt die Größe des Wasserandranges an, den jeder einzelne Brunnen aufnehmen bzw. fassen kann. Werden alle Brunnen gleichmäßig beansprucht und ist die Leistung bzw. das Fassungsvermögen eines Brunnens f, so gilt für die erforderliche Anzahl n der Brunnen die Beziehung

$$\frac{Q}{f} = n .$$

Das Absenkungsverfahren ist hinsichtlich der Festlegung dieser Grundwerte in einer schwierigeren Lage als die Wasserversorgung. Auf dem letztgenannten Gebiet wird kaum eine Anlage entworfen und gebaut, bevor nicht durch Pumpversuche im Gelände alle erforderlichen Unterlagen zahlenmäßig erforscht sind.

Auf dem Gebiet der Grundwasserabsenkung dagegen sind Probeabsenkungen verhältnismäßig selten. Die wenigen für wichtigere und umfangreiche Absenkungen zur Ausführung gekommenen Versuche sind fast ausschließlich für Regierungsbauten durchgeführt worden. Häufig fehlt die erforderliche Zeit, oder aber es liegen Erfahrungen früherer Absenkungen in der Nachbarschaft der neuen Baustelle vor, die ohne weiteres zugrunde gelegt werden. Bei Probeabsenkungen für mittlere und kleine Anlagen mit ihren meist verhältnismäßig kurzen, häufig nur Wochen oder Monate währenden Betriebszeiten fallen auch die Kosten mehr ins Gewicht als bei Wasserversorgungsanlagen gleichen Umfangs, die Jahrzehnte in Betrieb zu sein pflegen.

Gewöhnlich stehen für den Entwurf und die Berechnung von Grundwasserabsenkungsanlagen nur zeichnerische Auftragungen einiger Probebohrungen und Angaben über die Grundwasserstände zur Verfügung. Seltener besteht die Möglichkeit, Bohrproben selbst zu besichtigen und zu untersuchen, während Angaben über die Grundwerte nur in dem Ausnahmefall vorhanden sind, daß bereits eine Probeabsenkung ausgeführt wurde. In der Mehrzahl der praktischen Fälle muß daher erst Klarheit über diese Grundwerte geschaffen werden, bevor die eigentliche Berechnung beginnen kann.

Die Lösung dieser grundlegenden Aufgabe setzt nicht allein die Beherrschung der im Schrifttum sehr eingehend behandelten Absenkungsformeln voraus, sondern auch die Kenntnis der Natur der Grundwerte, ihrer Abhängigkeit von den jeweiligen Bodenverhältnissen und ihres Einflusses auf das Rechnungsergebnis. Bei der Behandlung dieser Fragen wird man das Schrifttum weitestgehend heranziehen. Dasselbe gibt freilich, wie weiterhin gezeigt wird, noch keine abschließende Antwort über die Grundwerte.

α) Der Bodendurchlässigkeitsbeiwert k. Von den genannten 4 Grundwerten hat der Bodendurchlässigkeitsbeiwert, der sog. k-Wert, noch die ausgedehnteste Berücksichtigung gefunden, und zwar im Zusammenhang mit dem Grundgesetz. Diese Bevorzugung ist verständlich, da der Einfluß des k-Wertes auf das Rechnungsergebnis von entscheidendem Einfluß ist. Es sind verschiedene Methoden entwickelt worden, deren Ziel die Bestimmung des k-Wertes durch Vornahme von Probeabsenkungen ist, so die Methode der spezifischen Ergiebigkeit von A. Thiem[1], das Thiemsche ε-Verfahren[2], die Lummertsche Methode[3]. Alle diese Verfahren setzen die Vornahme von Pumpversuchen im Gelände voraus, so daß wegen der Seltenheit solcher Versuche bei Grundwasserabsenkungen ihre Anwendung nur ausnahmsweise in Betracht kommt. Wichtiger sind für die Absenkungstechnik Versuche, die Durchlässigkeit experimentell durch Untersuchung von Bodenproben zu bestimmen. Die Ergebnisse, die bei solchen, von vielen Forschern angestellten Versuchen erzielt worden sind, weichen, wie aus den von Forchheimer[4] und Bohlmann[5] mitgeteilten Vergleichen hervorgeht, nicht unwesentlich voneinander ab. Die Ursachen dieser Verschiedenheiten sind in den voneinander abweichenden Versuchseinrichtungen, der Ungleichmäßigkeit des untersuchten Filtermaterials und vor allem in der Schwierigkeit zu erblicken, die zu untersuchenden, meist mittels Bohrung gewonnenen Bodenproben im Versuchsgefäß genau entsprechend den im Untergrund bestehenden, natürlichen Lagerungsverhältnissen einzubringen. Bei den meisten Versuchseinrichtungen erfolgt ferner die Bewegung des Wassers im lotrechten Sinne durch einen fest begrenzten Querschnitt, während die Grundwasserbewegung in der Natur in der Hauptsache wagerecht und mit freiem Spiegel vor sich geht. Auch hierdurch werden Abweichungen der Ergebnisse verursacht. Auf empirischem Wege kann der Bodendurchlässigkeitsbeiwert durch die Bestimmung der Korngröße und Benutzung der von Slichter[6], Seelheim[7] und Hazen[8] mitgeteilten Beziehungen zwischen k-Wert und Korngröße erfolgen. Auch dieser

---

[1] Prinz, E.: Handbuch der Hydrologie, S. 136. Berlin: Julius Springer 1919.

[2] Thiem, G.: Hydrologische Methoden. Leipzig 1906; vgl. auch E. Prinz: Handbuch der Hydrologie usw. S. 187ff. 1919.

[3] Lummert, Rudolf: Neue Methode der Bestimmung der Durchlässigkeit usw.

[4] Forchheimer, Ph.: Wasserbewegung durch Boden usw. Z. V. d. I. 1901, S. 1736ff.

[5] Bohlmann, A.: Die Grundwasserabsenkung bei dem Schleusenbau zu Brunsbüttelkoog, bearbeitet als Beitrag zur Grundwasserbewegung S. 19—22. Dissertation: Braunschweig 1913.

[6] Prinz, E.: Handbuch der Hydrologie usw. S. 140, 174 u. 175. 1919.

[7] Forchheimer, Ph.: Hydraulik S. 421. 1914.

[8] Ebenda S. 422. 1914.

Methode haften Unsicherheiten an, durch die ihr Wert beträchtlich eingeschränkt wird. Abgesehen davon, daß die Formeln der drei Forscher voneinander abweichen, stimmen die den Formeln zugrunde liegenden Annahmen über die Korngröße und Kornbeschaffenheit mit der Wirklichkeit um so weniger überein, je ungleichmäßiger das natürliche Filtermaterial in bezug auf die Gestalt und Größe der einzelnen Körner ist.

Da eine möglichst zutreffende Bestimmung des Durchlässigkeitswertes der Ausgang der Rechnung ist, so hängt viel von der weiteren Ausgestaltung der k-Wertbestimmung ab. Dahinzielende Versuche und Arbeiten werden um so erfolgreicher sein, je mehr sich die Forschung nicht allein auf reine Laboratoriumsversuche beschränkt, sondern auch praktische Beobachtungen im Gelände anstellt und diese zum Vergleich mit den im Laboratorium gewonnenen Versuchsergebnissen heranzieht. Die Bohlmannsche Dissertation über die Grundwasserabsenkung beim Bau der Schleuse zu Brunsbüttelkoog[1] stellt einen bemerkenswerten Versuch dar, auf dem genannten Wege zum Ziele zu kommen.

Bei ähnlichen Arbeiten wird man auch den geologischen Aufbau des in Frage kommenden Gebietes zu beachten haben.

Diese „vergleichende Hydrologie" im einzelnen wird schließlich noch dadurch zu ergänzen bzw. abzuschließen sein, daß möglichst viele Einzelbetrachtungen zusammengefaßt und ausgewertet werden.

β) Die Mächtigkeit der grundwasserführenden Bodenschicht. Die im Schrifttum enthaltenen Absenkungsgleichungen für Einzelbrunnen und Mehrbrunnenanlagen setzen voraus, daß die Brunnen, welche die Absenkung erzeugen, als vollkommene Brunnen wirken, d. h. daß die Brunnen mit ihrer durchlässigen Filterfläche bis zur wassertragenden, undurchlässigen Schicht hinabreichen. Bei Grundwasserabsenkungen steht aber gewöhnlich nicht fest, in welcher Tiefe die Oberfläche der grundwassertragenden, undurchlässigen Schicht sich befindet, welche Mächtigkeit die grundwasserführende Bodenschicht also hat, und ferner reichen die Brunnen in der Mehrzahl der Fälle nicht bis zur wassertragenden Sohle hinab und wirken deshalb als unvollkommene Brunnen. Die Anwendung der genannten Absenkungsgleichungen ist daher nicht ohne weiteres möglich. Zur Berücksichtigung des Unterschiedes zwischen vollkommenen und unvollkommenen Brunnen stehen Forchheimers[2] auf Grund von Pumpversuchen aufgestellte Formel und die Rotherschen[3] theoretisch abgeleiteten Formeln für unvoll-

---

[1] Bohlmann, A.: Die Grundwasserabsenkung usw. 1913.

[2] Forchheimer, Ph.: Hydraulik S. 440. 1914; derselbe: Grundwasserspiegel bei Brunnenanlagen. Z. öst. Ing.-V. 1898.

[3] Rother, M.: Die Ergiebigkeit unvollkommener Brunnen. J. Gasbeleuch. u. Wasserversorg. 1904.

kommene Brunnen zur Verfügung, jedoch nur unter der Voraussetzung, daß die Mächtigkeit der wasserführenden Schicht bekannt ist. Da, wie oben erwähnt, diese Voraussetzung selten erfüllt ist, ist die vereinfachende Annahme üblich, daß die Oberfläche der wassertragenden Schicht in der Höhe der Brunnensohle sich befinde. Man ersetzt also gemäß Abb. 7 in den Absenkungsgleichungen das Maß H durch die Größe H'. Der hierbei entstehende Fehler wird zum Teil dadurch aufgehoben, daß die Brunnen in bezug auf die gedachte Sohle $S' - S'$ als vollkommene Brunnen angesehen werden, während sie in Wirklichkeit in bezug auf die wirkliche Sohle $S - S$ als unvollkommene Brunnen wirken. Prinz[1], Kyrieleis[2] und J. Schultze[3] haben sich für die Rechnung mit H' ausgesprochen. Die Ergebnisse dieser Rechnungsweise stimmen mit denen der vorerwähnten Gleichungen von Forchheimer und Rother nicht überein, die selbst auch voneinander abweichen. Die Frage des Einflusses der Mächtigkeit der grundwasserführenden Schicht ist daher noch nicht als völlig geklärt anzusehen. Auf Grund eigener Untersuchungen über diesen Gegenstand, die an anderer Stelle veröffentlicht werden sollen, halte ich die Rechnung mit H' an Stelle von H für zulässig, empfehle jedoch einen Sicherheitszuschlag zu den auf diesem Wege ermittelten Fördermengen von im Mittel 20%. Der in den Absenkungsgleichungen auftretende Wert H verliert streng genommen für den Fall $H = H'$ bei unvollkommenen Brunnen seine ursprüngliche Bedeutung als Maß der Mächtigkeit der grundwasserführenden Bodenschicht. Zutreffender wird deshalb für H der Begriff der absoluten Filterlänge eingeführt, worunter der lotrechte Abstand des ungesenkten Grundwasserspiegels von der Brunnensohle verstanden wird.

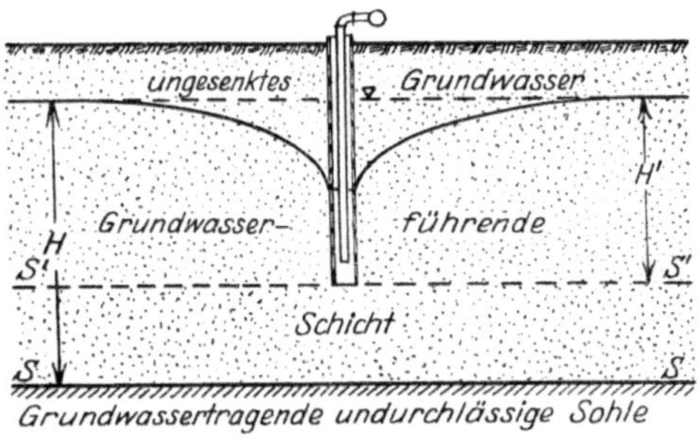

Abb. 7. Der Wert H. Wirkliche und gedachte Lage der grundwassertragenden undurchlässigen Sohle.

γ) Die Reichweite der Absenkung. Mit Rücksicht auf den im Vergleich mit dem der anderen Größen geringen Einfluß, den die Reichweite auf die Größe des Wasserandranges ausübt, wird im Schrifttum allgemein empfohlen, die Größe der Reichweite R auf Grund von Schätzungen anzunehmen. Eine bestimmte Anweisung oder Regel, wie eine solche Schätzung vorgenommen werden soll, ist

[1] Prinz, E.: Handbuch der Hydrologie usw. S. 183. 1919.
[2] Kyrieleis, W.: Grundwasserabsenkung usw. S. 36ff. 1913.
[3] Schultze, J.: Die Grundwasserabsenkung usw. S. 15. 1924.

im Schrifttum nicht zu finden, der Bearbeiter bleibt auf eigene praktische Erfahrungen angewiesen, und eine Unsicherheit hinsichtlich der Festlegung der Größe R ist nicht abzuleugnen. Einen gewissen Fortschritt bringen Lummerts Betrachtungen über den Einfluß der Reichweite[1], die er als Einwirkungsradius bezeichnet. Er wertet die von ihm abgeleiteten Absenkungsformeln zur Bestimmung der Bodendurchlässigkeit graphisch aus, indem er eine Reihe von R-Werten annimmt und für jeden R-Wert die zugehörige, durch seine Gleichungen bei konstantem R gegebene Änderungskurve aufträgt[2]. Man ist dadurch in der Lage, den Einfluß einer Änderung von R genau zu übersehen und kann, wenn man R selbst durch Abschätzung auf einen wahrscheinlichen größten und kleinsten Grenzwert festlegt, den zu suchenden Wert entsprechend eingrenzen. Die Aufgabe wird zwar hierdurch erleichtert, doch ist auch Lummert der Ansicht, daß für solche Abschätzungen hydrologische Erfahrungen nicht entbehrt werden können.

Auch J. Schultze hat sich mit dem Problem der Reichweite beschäftigt[3] und den Versuch unternommen, die Größenbestimmung der Reichweite auf rechnerischem Wege zu ermöglichen und die Abschätzung möglichst auszuschalten. Wenn er auch Widerspruch[4] gefunden hat, so ist doch erfreulich, daß durch Schultzes Arbeiten ein Meinungsaustausch eingeleitet ist, von dem zu erwarten steht, daß er zu weiteren Arbeiten über die Reichweite und ihre Bestimmung anregt.

Bei den weiterhin folgenden Rechnungen wird davon abgesehen, die Schultzeschen Reichweitenformeln zu verwenden. Hierfür war mehr noch als der bisher umstrittene Entwicklungsweg die Überlegung maßgebend, daß Schultze bei seiner Rechnung im Grunde die unbekannte Reichweite durch die Betriebszeit ersetzt. Es bleibt die Frage offen: Mit welcher Betriebszeit muß bis zur Erreichung des allen Absenkungsgleichungen zugrunde liegenden Beharrungszustandes gerechnet werden?

Auch die Lösung der Reichweitenfrage wird auf rein theoretischem Wege nicht gelingen; Beobachtungsergebnisse müssen herangezogen werden und die theoretischen Betrachtungen ergänzen bzw. die Grundlagen der letzteren bilden.

Im nachfolgenden folge ich hinsichtlich der Reichweite dem Beispiel Lummerts; auf die Abschätzung von R wird demgemäß nicht verzichtet. Überall da, wo es nötig erscheint, kann der Einfluß der Größe R durch

---

[1] Lummert, R.: Neue Methode usw. S. 15. 1917.

[2] Ebenda S. 14 u. 31. 1917.

[3] Schultze, J.: Die Grundwasserabsenkung usw. S. 9ff. u. 35, 36. 1924.

[4] Versluys, J.: Opmerking naar aanleiding van de grondwaterverlagingstheorie van Dr.-Ing. J. Schultze. De Ingenieur 1925, Nr. 17, 22 u. 28; sowie Erwiderungen von J. Schultze in Nr. 22 u. 28.

Vergleichsrechnungen für mehrere R-Werte verfolgt werden, wobei die praktische Auswertung in Abschnitt II, C. 2, gute Dienste leistet.

δ) Die Brunnenleistung oder das Brunnenfassungsvermögen. Der vierte Grundwert, die Brunnenleistung, steht an Bedeutung hinter derjenigen des k-Wertes nicht zurück, sie hat jedoch im Schrifttum noch keine erschöpfende Behandlung gefunden. J. Schultze[1] hat erstmalig ihren Einfluß rechnerisch verfolgt, indem er vom Gefälle am Brunnenmantel ausging. Er schließt sich der schon von Kyrieleis vertretenen Anschauung des Auftretens eines Grenzgefälles am Brunnenmantel an, ohne jedoch einen Weg zur Bestimmung dieses Grenzgefälles anzugeben, so daß eine praktische Verwertung seiner Formeln nur möglich ist, wenn das Grenzgefälle bekannt ist oder durch einen Pumpversuch ermittelt worden ist.

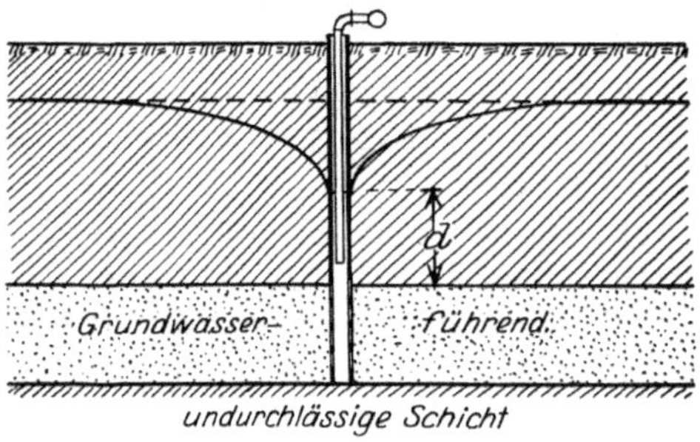

Abb. 8. Artesischer Brunnen.

Im nachfolgenden soll die Brunnenleistung oder — wie ich hierfür als Bezeichnung in Vorschlag bringe — das „Brunnenfassungsvermögen" einer näheren Betrachtung unterzogen werden. Folgende Überlegungen waren hierfür bestimmend:

1. Eine Erweiterung unserer Kenntnisse über die Aufnahmefähigkeit des Brunnens ermöglicht es, die mit einer Absenkungsanlage bestimmten Umfangs mögliche Absenkung zu bestimmen.

2. Ist der Wasserandrang, der bei einer bestimmten Absenkungsaufgabe zu bewältigen ist, bekannt, so kann mit Hilfe des Fassungsvermögens die Zahl der erforderlichen Brunnen ermittelt werden.

3. Bei der rechnerischen Behandlung von Tiefsenkungen[2] ist ein wesentlicher Fortschritt zu erwarten, wenn eine Lösung der unter 1. und 2. genannten Aufgaben gelingt.

Den Betrachtungen wird weiterhin freies Grundwasser mit ungespanntem Spiegel zugrunde gelegt. Wenn vorerst noch von einer Behandlung der Aufnahmefähigkeit artesischer Brunnen abgesehen wird, so geschieht dies weniger, weil in der Praxis der Grundwasserabsenkung viel seltener mit gespanntem Grundwasser als mit ungespanntem zu rechnen ist, als vielmehr deshalb, weil Beobachtungsergebnisse, wie sie

[1] Schultze, J.: Reichweite und Ergiebigkeit einer Grundwasserabsenkung in Abhängigkeit von der Betriebsdauer. Bautechn. 5. Oktober 1923, H. 43. — Derselbe: Die Grundwasserabsenkung usw. S. 16ff sowie 36ff. 1924.

[2] Vgl. W. Kyrieleis: Grundwasserabsenkung usw. S. 38. 1913.

weiterhin zum Ausgang wichtiger Ableitungen herangezogen werden, nicht in genügendem Umfange zur Verfügung stehen. Eine Übertragung der für ungespannte Spiegel gültigen Formeln auf artesische Brunnen ist nicht angängig, da die Aufnahmefähigkeit der artesischen Brunnen anscheinend von der Druckhöhe d, gemäß Abb. 8, beeinflußt wird und größer als diejenige von Brunnen sein wird, die in ungespanntem Grundwasser wirken.

II. Theorie des Brunnenfassungsvermögens.

A. Ableitung der Grundformeln.

1. Begriff des Brunnenfassungsvermögens und des Fassungswertes.

Von der sekundlichen Wassermenge ausgehend, die zur Erzielung einer bestimmten Grundwasserabsenkung gefördert werden muß, und die auf Grund einer hydrologischen Berechnung ermittelt sein möge, muß weiter die Festsetzung der Brunnenzahl und der Brunnenabmessungen, die Bemessung der Pumpen, der Antriebsmaschinen und der Rohrweiten erfolgen. Während aber für die Berechnung der Pumpenanlage und des Rohrleitungsnetzes die Kenntnis des zu bewältigenden Wasserandranges genügt, ist zur Bestimmung der Brunnenzahl und der Brunnenabmessungen außerdem noch die Kenntnis derjenigen Wassermenge erforderlich, die jeder einzelne Brunnen von bestimmtem Halbmesser bei bestimmter Höhe der vom Grundwasser benetzten Außenfilterfläche entsprechend den vorliegenden Bodenverhältnissen im Höchstfalle aufzunehmen vermag.

Begnügt man sich damit, die von jedem Brunnen aufzunehmende Wassermenge abzuschätzen, wie es bisher mangels genügender Kenntnis des genannten Höchstwertes und seines Einflusses üblich war, so kann man zwar die zugehörige Brunnenzahl für alle praktisch in Frage kommenden Grundrißanordnungen der Brunnenanlage ermitteln, es bleibt jedoch die Frage offen, ob die den einzelnen Brunnen zugeschriebene Wasseraufnahme von diesen überhaupt geleistet werden kann, bzw. ob die Brunnen auch entsprechend ihrer Aufnahmefähigkeit ausgenutzt sind.

Der die Grenze der Leistungsfähigkeit eines Brunnens kennzeichnende Höchstwert der Fördermenge ist von J. Schultze[1] als „Brunnenergiebigkeit“ bezeichnet worden. Ich halte es für angebracht, an Stelle des Begriffs der Brunnenergiebigkeit denjenigen des Brunnenfassungsvermögens einzuführen. Beide Begriffe sind nicht identisch. Ausschlaggebend für die vorgeschlagene Bezeichnung war indessen mehr als der noch später zu behandelnde Unterschied die Überlegung, daß im

[1] Schultze, J.: Reichweite und Ergiebigkeit einer Grundwasserabsenkung in Abhängigkeit von der Betriebsdauer. Bautechn. 1923.

Schrifttum der Begriff „Ergiebigkeit" mehrfach in anderer Bedeutung vorkommt, was zu Mißverständnissen führen könnte.

Das von Prinz[1] mitgeteilte Ergiebigkeitsgesetz nach Darcy stellt beispielsweise die Abhängigkeit der Ergiebigkeit eines Brunnens von der Absenkung dar. Hierbei ist unter Ergiebigkeit diejenige dem Brunnen von außen zuströmende Wassermenge zu verstehen, die der jeweiligen Absenkung im Brunnen entspricht. Es bleibt hierbei außer acht, ob die betreffende Absenkung bei dem gewählten Brunnenhalbmesser überhaupt möglich ist, bzw. ob der Brunnen bei der in Frage stehenden Absenkung die entsprechende von außen zuströmende Wassermenge, hier Ergiebigkeit genannt, aufzunehmen imstande ist.

Die von A. Thiem in die Hydrologie eingeführte „spezifische Ergiebigkeit"[2] bezieht sich ebenfalls nicht auf die Leistungsfähigkeit des Brunnens. Sie ist vielmehr — wie Prinz[3] sagt — „ein relatives Maß für die Beurteilung der Durchlässigkeit eines Untergrundes".

In seiner Abhandlung „Die Ergiebigkeit unvollkommener Brunnen" versteht M. Rother unter Ergiebigkeit des Brunnens diejenige Wassermenge, die dem Brunnen je nach seiner Bauart bei einer bestimmten Absenkung in einem Untergrund von bestimmter Durchlässigkeit zuströmt. Der gleiche Begriff findet sich bei W. Kyrieleis[4], der einen Vergleich zwischen den Ergebnissen der Formeln von M. Rother und Ph. Forchheimer für die Ergiebigkeit unvollkommener Brunnen anstellt. Kyrieleis[5] hat mit Bezug auf seichte (unvollkommene) Brunnen erkannt, daß nicht jede theoretisch denkbare, dem Brunnen zuströmende Wassermenge auch wirklich vom Brunnen aufgenommen werden kann. Er spricht sich dahin aus, „daß durch die bei der betreffenden Bodenart gegebene größtmögliche Geschwindigkeit die Grenze gegeben sei".

Daß ganz allgemein die mit einem Brunnen zu erzielende Absenkung und damit auch die von ihm aufzunehmende Wassermenge begrenzt ist, hat Kyrieleis[5] ebenfalls ausgesprochen. Bei seinen theoretischen Untersuchungen über den „Einfluß der Wasserentnahme"[6] und auch fernerhin hat er freilich davon abgesehen, die obenerwähnten Grenzen der vom Brunnen aufnehmbaren Wassermenge zu berücksichtigen.

In der Praxis des Grundwasserabsenkungsverfahrens erfolgte eine solche Rücksichtnahme teils bewußt, teils unbewußt dadurch, daß — wie schon erwähnt wurde — den zur Verwendung kommenden Brunnen je nach ihrer Konstruktion und der bekannten oder ab-

---

[1] Prinz: Handbuch der Hydrologie S. 179. Berlin: Julius Springer 1919.

[2] Thiem, G.: Hydrologische Methoden. Leipzig: Gebhardts Verlag 1906.

[3] Prinz: Handbuch der Hydrologie S. 136. 1919.

[4] Kyrieleis, W.: Grundwasserabsenkung usw. S. 35ff. Berlin: Julius Springer 1913.

[5] Ebenda S. 36. 1913. [6] Ebenda S. 28ff. 1913.

geschätzten Bodendurchlässigkeit eine bestimmte Fördermenge zuerkannt wurde.

Ein solches Vorgehen bei der Berechnung setzt voraus, daß Beobachtungsergebnisse über die Wirkung von Brunnen in einem Untergrund gleicher Durchlässigkeit zur Verfügung stehen; aber selbst in diesen seltenen Fällen haftet dem Rechnungsergebnis die Unsicherheit an, die mit einer Abschätzung wichtiger Rechnungsgrößen verbunden ist.

Auf den Versuch J. Schultzes, die Leistung des Brunnens rechnerisch zu behandeln, wurde bereits hingewiesen. Schultze führt hierbei als Brunnenergiebigkeit einen Wert E ein, den er als Größtwert der Entnahme bezeichnet, der eintritt, sobald der abgesenkte Wasserspiegel an der Brunnenmantelfläche ein Grenzgefälle m erreicht[1]. Während also in der bisherigen Literatur der Begriff „Ergiebigkeit", auch da, wo er auf den Brunnen bezogen ist (Rother), die den Brunnen unter bestimmten Voraussetzungen zuströmende Wassermenge umfaßt, versteht Schultze unter Ergiebigkeit eines Brunnens die jeweils größtmögliche Wasserentnahme durch den betreffenden Brunnen. Demnach stellt die Ergiebigkeit nach Schultze einen Maximalwert des Wasserandranges dar. Dies geht deutlich aus seinen Betrachtungen über die Abhängigkeit der Ergiebigkeit vom Brunnenhalbmesser[2] hervor. Die als Ergiebigkeitswerte bezeichneten Ordinaten stellen die den zugehörigen Brunnenhalbmessern entsprechenden Maximalwerte des Wasserandranges dar. Die Ordinaten nehmen mit wachsenden Brunnenhalbmessern zu, jedoch verringert sich die Zunahme, je größer die Brunnenhalbmesser gewählt werden.

Der von mir vorgeschlagene Begriff des Fassungsvermögens unterscheidet sich grundsätzlich vom Wasserandrang. Unter Fassungsvermögen wird diejenige Wassermenge verstanden, die der Brunnen in der Zeiteinheit entsprechend der benetzten Filterfläche unter der Voraussetzung aufnehmen bzw. fassen kann, daß der schon von Kyrieleis vermutete Höchstwert des Gefälles am Brunnenmantel auftritt. Das Fassungsvermögen ändert sich also linear mit der Eintauchtiefe des Brunnens. Bei Brunnen gleicher Eintauchtiefe mit verschiedenen Halbmessern ist das Fassungsvermögen direkt proportional dem Brunnenhalbmesser. Die größtmögliche Absenkung und damit der Maximalwert des vom Brunnen noch aufnehmbaren Wasserandranges wird erreicht, wenn der Wasserandrang gleich dem Fassungsvermögen ist. Wie später noch besser ersichtlich werden wird, erleichtert diese Begriffsbestimmung die anzustellenden Betrachtungen und sie hat den Vorzug, daß der alte Begriff der Ergiebigkeit, der sich auf den Wasserandrang bezieht, unberührt bleibt.

---

[1] Schultze, J.: Die Grundwasserabsenkung usw. S. 18. Berlin: Julius Springer 1924. [2] Ebenda S. 19.

Der auf die Einheit der Eintauchtiefe bezogene Wert des Fassungsvermögens wird als Fassungswert bezeichnet, so daß also das Fassungsvermögen das Produkt aus Fassungswert und Eintauchtiefe darstellt.

2. Zusammenhang zwischen Fassungsvermögen und Spiegelgefälle am Brunnenaußenmantel. Die Größe der in einen Brunnen eintretenden Wassermenge hängt nach den schon von A. Thiem gemachten Annahmen von der Größe der vom Grundwasser benetzten durchlässigen äußeren Filterfläche — der Filtereintrittsfläche — und der Geschwindigkeit, bezogen auf die volle Eintrittsfläche, mit welcher das Grundwasser in den Filter eintritt, ab.

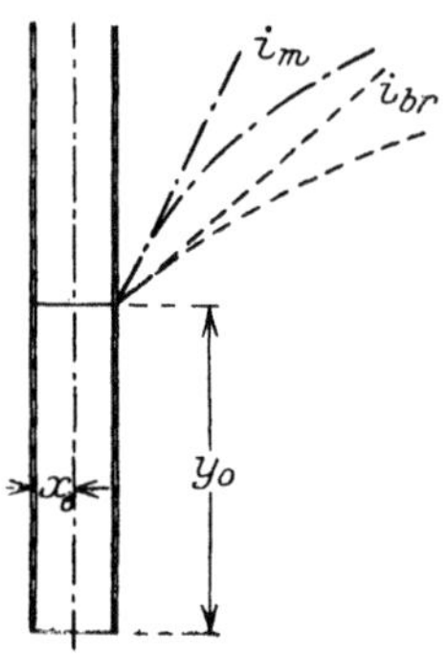

Abb. 9. Spiegelgefälle am Brunnenmantel.

Bedeutet: v_{br} die Eintrittsgeschwindigkeit, bezogen auf den vollen Querschnitt in m/sek,

y_0 die Höhe der vom Grundwasser benetzten Filterfläche am Außenmantel des Brunnens in m,

x_0 den äußeren Brunnenhalbmesser,

q die eintretende Wassermenge in m³/sek.,

dann gilt

$$q = 2x_0 \cdot \pi \cdot y_0 \cdot v_{br} . \tag{1}$$

Ist i_{br} das Spiegelgefälle am äußeren Brunnenmantel, so gilt nach dem Gesetz von Darcy

$$v_{br} = k \cdot i_{br}$$

und daher

$$q = 2\,x_0 \cdot \pi \cdot y_0 \cdot k \cdot i_{br} . \tag{2}$$

Für eine gleichbleibende Absenkung, d. h. für konstantes y_0 wächst q mit i_{br} und es muß einem Höchstwert für i_{br} ein solcher für q entsprechen (vgl. Abb. 9).

Wird bezeichnet mit

f_m der Höchstwert von q, mit

i_m der Höchstwert von i_{br}, dann müßte gelten

$$f_m = 2\,x_0 \cdot \pi \cdot y_0 \cdot k \cdot i_m , \tag{3}$$

f_m als Höchstwert der Eintrittsmenge stellt das Fassungsvermögen eines Brunnens entsprechend der Eintauchtiefe dar. Die Frage des Fassungsvermögens hängt gemäß Gleichung (3) innig zusammen mit der Frage, ob das Gefälle bzw. die Geschwindigkeit des Grundwassers im Untergrund jeden beliebigen Wert annehmen kann, oder ob es für dieses Gefälle einen Grenzwert gibt, der nicht überschritten werden kann.

3. Beweise für das Auftreten eines Grenzgefälles des Grundwasserspiegels. Es wurde schon darauf hingewiesen, daß sich Kyrieleis für das Auftreten eines Höchstwertes des Spiegelgefälles ausgesprochen hat, und daß J. Schultze dieser Auffassung beigetreten ist.

Die Erfahrungen der Praxis bestätigen diese Ansicht insofern, als es bei einer Grundwasserabsenkungsanlage mit einer bestimmten Brunnenzahl auch durch Erhöhung der Pumpenleistung nicht gelingt, die Fördermenge und damit die Absenkung über einen bestimmten Grenzwert hinaus zu steigern. Eine solche Vergrößerung des Absenkungsergebnisses ist nur möglich durch gleichzeitige Erhöhung der Brunnenzahl oder durch Anordnung einer gleichen Brunnenzahl mit größerem Brunnenhalbmesser oder durch Vertiefung der Brunnen. Diese Maßnahmen bewirken eine Vergrößerung der benetzten Filterfläche. Die Anlage ist hierdurch imstande, bei der gleichen Filtereintrittsgeschwindigkeit, der unter Zugrundelegung des Darcyschen Gesetzes gleiches Eintrittsgefälle entspricht, einen größeren Wasserandrang aufzunehmen und infolgedessen eine tiefere Absenkung zu erzielen.

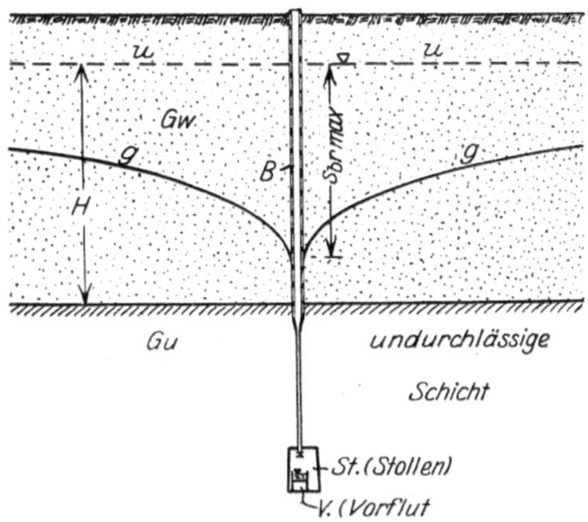

Abb. 10. Anordnung eines Sickerbrunnens.

Für ein Spiegelhöchstgefälle spricht auch der Absenkungsvorgang, welcher sich bei dem Betriebe der „Sickerbrunnen" einstellt. Die grundsätzliche Anordnung eines solchen Brunnens, wie er mitunter im Braunkohlenbergbau[1] zur Entwässerung hangender, grundwasserführender Bodenschichten angewandt wird, ist in Abb. 10 dargestellt. Der ursprüngliche, ungesenkte Grundwasserspiegel $u - u$ ist in die Lage $g - g$ durch die Wirkung des Sickerbrunnens B abgesenkt. Unter der grundwasserführenden Gebirgsschicht G_w befindet sich die grundwassertragende, undurchlässige Schicht G_u. Der Brunnen B ist im Bereiche der Schicht G_w mit durchlässigen Wandungen versehen. An diesen durchlässigen Teil schließt sich im Bereiche der Schicht G_u ein undurchlässiges Abfallrohr, durch welches das im durchlässigen Rohrteil eintretende Wasser einer Abflußleitung V zugeführt wird, die im Stollen St angeordnet ist. Das dem Brunnen zufließende Wasser wird also hier nicht nach oben durch ein Saugrohr abgepumpt, sondern es verläßt den Brunnen, den Fallgesetzen gehorchend, an dessen unterer Öffnung. Die Fördermenge ist also beim Sickerbrunnen nicht von der Pumpenleistung abhängig und es könnte jeder beliebige Wasserandrang bewältigt

[1] Kain, G.: Entwässerung hangender und liegender Gebirgsschichten im Braunkohlentiefbau. Braunkohle H. 3 vom 19. April 1924.

und infolgedessen jede beliebige Absenkung erreicht werden, sofern nur das Abfallrohr weit genug gewählt wird, falls es keine Beschränkung des Eintrittsgefälles bzw. der Eintrittsgeschwindigkeit gäbe. Tatsächlich wird aber die Absenkung am Brunnenaußenmantel ein Maß s_{br} max nicht überschreiten, wobei $s_{br}\max < H$ bleibt. Eine Bestätigung hierfür ergibt sich aus Beobachtungen, die während des Betriebes der Sickerbrunnenanlage bei dem Schachtabteufen der Matador-Bergbaugesellschaft m. b. H.[1] in Senftenberg (N.-L.) angestellt wurden.

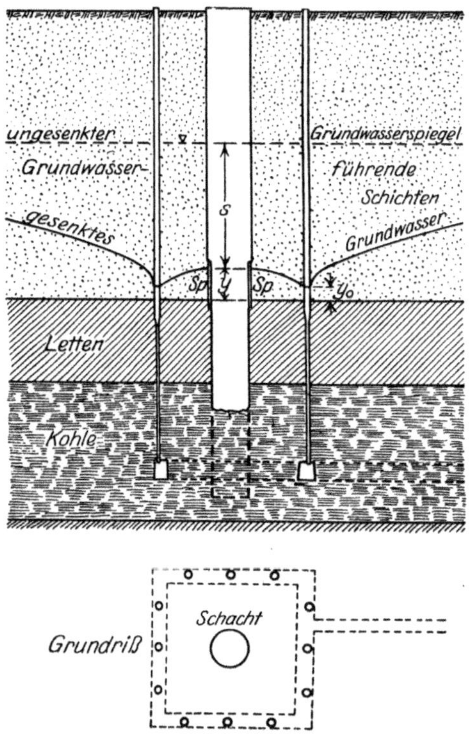

Abb. 11. Sickerbrunnenanlage der Matador-Bergbaugesellschaft in Senftenberg (Nieder-Lausitz).

Abb. 11 stellt die grundsätzliche Anordnung dieser Sickerbrunnenanlage dar. Es zeigte sich im Betriebe, wie vorher erwartet wurde, daß die Absenkung im Bereiche der Schachtscheibe über einen Betrag s nicht hinausging, so daß an der Außenseite der zum Schutze des noch im Grundwasser stehenden unteren Schachtteils angeordneten Spundwand (Sp) das Grundwasser in Höhe der Ordinate y anstand. An der äußeren Mantelfläche der Sickerfilter sank entsprechend der Wasserspiegel nur bis zur Ordinate $y_0 < y$ ab. Die den Sickerbrunnen zuströmende Wassermenge schwankte nur innerhalb geringer Grenzen und ging praktisch über einen Höchstwert nicht hinaus.

Diese durch die Erfahrung bestätigten Erscheinungen lassen sich nur so deuten, daß das Grundwasserspiegelgefälle nicht jeden beliebigen Wert annehmen kann, bzw. daß die Grundwassergeschwindigkeit bei annähernd wagerechter Bewegung im Boden und freiem Spiegel einen Höchstwert nicht überschreiten kann.

---

[1] Sichardt, W.: Das Grundwasserabsenkungsverfahren beim Teufen usw. — Müller, H.: Der Aufschluß usw. Braunkohle H. 1 vom 4. April 1925.

4. Die Größe des Grenzgefälles und seine Abhängigkeit vom k-Wert. Nach J. Schultze ist die Ergiebigkeit eines Brunnens durch die Formel

$$E = 2 r_0 \pi\, y_0\, m\, k$$

bestimmt, wobei r_0 den Brunnenhalbmesser, y_0 die Höhe der benetzten äußeren Filterfläche und m das Spiegelgefälle am Brunnen bezeichnet. Er erklärt m als denjenigen Wert des Gefälles $\frac{dy}{dx}$, der „die ideelle Grenze zwischen den beiden“ für die Grundwasserbewegung in Frage kommenden „Gesetzen“ — nämlich dem Gesetz von Darcy und dem Gesetz $\frac{dy}{dx} = A \cdot v + B \cdot v^2$ — „kennzeichnet“.

Auf Grund der Piefkeschen Versuche und der Mitteilungen von Kyrieleis über jene Arbeiten hat Prinz[1] gemäß Abb. 12 diese Grenze, die auch als Proportionalitätsgrenze bezeichnet wird, mit dem Linienzug $g - g_1$ angegeben.

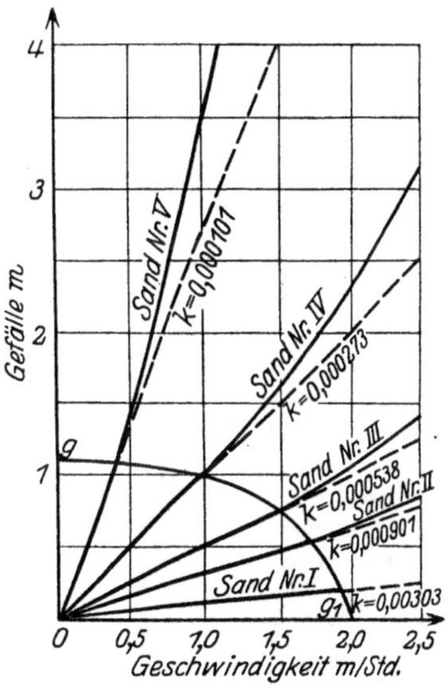

Abb. 12. Angenäherte Gültigkeitsgrenze des Darcyschen Gesetzes auf Grund der Piefkeschen Versuche nach E. Prinz.

Innerhalb der Proportionalitätsgrenze $g - g_1$ erhält man für die 5 Sande von Piefke folgende Werte für k und für das Grenzgefälle i_g:

Zahlentafel 2.

Bodenart	k-Wert	Grenzgefälle i_g
Sand Nr. I	0,00303	0,20
„ „ II	0,000901	0,55
„ „ III	0,000538	0,75
„ „ IV	0,000273	1,00
„ „ V	0,000101	1,07

Legt man die durch den Linienzug $g - g_1$ gegebene praktische Grenze im Sinne Schultzes für die Werte m zugrunde, so kann man bei einer Absenkung von $s_0 = 4$ m am Brunnenaußenmantel (bei einer Gesamtbrunnentiefe von 10 m) für die 5 k-Werte der Sande Piefkes die zugehörigen Höchstwerte für die Brunnenaufnahmefähigkeit errechnen.

Man erhält nach der Formel $E = 2 x_0 \pi\, y_0\, m\, k$, wenn $m = i_g$, $2 x_0 = 0{,}15$ m, $y_0 = 10 - 4 = 6$ m gesetzt wird, die nachfolgend zusammengestellten Ergebnisse:

[1] Prinz: Handbuch der Hydrologie, S. 171. 1919.

Zahlentafel 3.

Bodenart (Piefke)	k-Wert	$m = i_g$	$E = 2 x_0 \pi y_0 m k$ 1/sek. (nach J. Schultze)
Sand Nr. I	0,00303	0,20	1,72
„ „ II	0,000901	0,55	1,4
„ „ III	0,000538	0,75	1,14
„ „ IV	0,000273	1,00	0,775
„ „ V	0,000101	1,07	0,306

Obwohl die zugrunde gelegte Absenkung am Brunnen von $s_0 = 4$ m in der Praxis meist überschritten wird und daher der Wert $y_0 = 6$ m eher zu reichlich angenommen wurde, sind die für $m = i_g$ errechneten Fassungsmengen gegenüber den in der Praxis wirklich erreichten Leistungen viel zu klein, wie nachfolgende Zusammenstellung (Zahlentafel 4) von Beobachtungen bei ausgeführten Grundwasserabsenkungen zeigt:

Zahlentafel 4.

Baustelle	k-Wert m/sek.	Brunnendurchmesser $2 x_0$ m	Höhe der benetzten Brunnenfläche y_0 m	Fördermenge je Brunnen q 1/sek.	errechnetes Spiegelgefälle am Brunnenaußenmantel i_0
Dritte Schleuse in Wemeldinge i. Holland[1]	Ostseite: 0,000123	0,15	5,0	1,81	6,25
	Nordseite: 0,000197			2,22	4,78
	Westseite: 0,000103			2,15	8,87
Grundwasserabsenkung am Hauptbahnhof Leipzig[1]	0,0053	0,15	5,0	8,33	0,666
Nördliche Schleuse in Plötzensee[2]	0,0014	0,18	4,0	4,9	1,55
Grundwasserabsenkung beim Bau eines Kohlenbunkers in Tegel[3]	0,002	0,15	4,85	5,95	1,30
Schacht I der Matadorbergbauges. m. b. H. i. Senftenberg (N.-L.)[4]	0,0003	0,15	I. Staffel 4,78	3,00	4,44
			II. Staffel 5,82	2,92	3,54
Grundwasserabsenkung in Gartenfeld b. Berlin[4]	0,0028	0,15	5,5	9,44	1,30

[1] Schultze, J.: Die Grundwasserabsenkung in Th. u. Pr. usw. S. 121ff. 1924.
[2] Kyrieleis, W.: Grundwasserabsenkung usw. S. 101ff. 1913.
[3] Vom Verfasser beobachtet.
[4] Beobachtungen der Siemens-Bauunion G. m. b. H. Kommanditgesellschaft.

Schultze schlägt für die Praxis vor, da, wo Beobachtungen fehlen — was meist der Fall sein wird — das Höchstgefälle m mit $1^1/_2$ bis $2^1/_2$ zu bemessen. Diese Werte liegen im Vergleich mit dem Ergebnis der Piefkeschen Versuche erheblich außerhalb der Proportionalitätsgrenze, so daß die von Schultze gegebene Definition des Grenzgefälles nur aufrechtzuerhalten wäre, wenn man $m = 1^1/_2$ bis $2^1/_2$ nur für sehr kleine k-Werte, die unter $k = 0{,}0001$ liegen, als zulässig erachtet. Dagegen zeigt Zahlentafel 4, daß in der Praxis die von Schultze vorgeschlagenen Werte m für k-Werte etwa von 0,0015 bis 0,0004 zutreffen.

Man erkennt ferner aus der genannten Zusammenstellung, daß die Größe des Spiegelgefälles am Brunnen von der Größe des k-Wertes abhängig ist, und zwar ist das Spiegelgefälle am Brunnen um so größer, je kleiner der k-Wert ist.

Die mitgeteilten Werte i_0 sind praktische Werte, die sich im Dauerbetriebe ergeben haben. Sicherlich sind während kürzerer Betriebsabschnitte noch größere Gefälle am Brunnenmantel möglich, die wir als absolute Höchstgefälle i_m bezeichnen wollen. Wegen der Gefahr des Verschlämmens der Filtertresse, die bei zu großen Geschwindigkeiten eintritt, wird man indessen dafür Sorge tragen müssen, daß die Grundwassergeschwindigkeit am Brunnen ein praktisches Höchstmaß nicht übersteigt und demzufolge mit einem praktischen Höchstgefälle $i_0 < i_m$ rechnen.

5. Aufstellung einer Formel für die Abhängigkeit des Grenzgefälles am Brunnen vom k-Wert. Einer rein theoretischen Behandlung der Grundwasserbewegung in der Nähe des Entnahmebrunnens und bei dem Eintritt in den Filter stellen sich erhebliche Schwierigkeiten entgegen. Die Bewegung erfolgt mehr oder weniger turbulent, ferner macht sich der Filterwiderstand noch auf eine gewisse Entfernung von der Filteraußenfläche bemerkbar, und schließlich kommt auch eine mit Annäherung an den Filter stark wachsende Drosselung infolge plötzlicher Einschränkung der zur Verfügung stehenden Durchflußfläche in Betracht. Den sichersten und gangbarsten Weg zur Gewinnung eines für die Praxis verwertbaren Urteils und praktisch brauchbarer Werte bietet deshalb die empirische Methode durch Vornahme von Versuchen und Auswertung von Beobachtungsergebnissen.

Will man über das Auftreten und die Größe des Höchstgefälles Laboratoriumsversuche anstellen, so scheiden von vornherein solche Versuche aus, bei denen in dem zu untersuchenden Bodenmaterial kein freier Grundwasserspiegel erzeugt wird. Mit derartigen Versuchseinrichtungen, wie sie beispielsweise Prinz[1] beschreibt und wie sie neuerdings Beger[2]

[1] Prinz, E.: Handbuch der Hydrologie, S. 134. 1919.

[2] Beger, K.: Versuche zur Bestimmung der Wasserdurchlässigkeit usw. Bauing. 1922 H. 22, S. 680.

benutzt hat, können beliebig hohe Gefälle erzeugt werden, da das durch das Filtermaterial gepreßte Wasser infolge der rings geschlossenen Wände nirgends ausweichen kann.

Geeigneter erscheint ein Kastenversuch gemäß Abb. 13, bei dem die Grundwasserbewegung angenähert im wagerechten Sinn erfolgt, und zwar mit freiem Spiegel. Dieser Versuch entspricht insofern nicht den tatsächlichen Verhältnissen, als der Filter, durch welchen das aus dem Bodenmaterial austretende Wasser hindurchfließt, eine Ebene darstellt, der das Grundwasser zwischen lotrechten Absenkungsflächen, die zueinander parallel stehen, zuströmt. Die beste Übereinstimmung mit der Wirklichkeit ergibt sich, wenn der Versuchskasten zylindrisch ausgeführt wird und die Entnahme mittels eines Rohrbrunnens, der in der Zylinderachse anzuordnen wäre, erfolgt. Eine ähnliche Versuchsanordnung ist schon von M. Thévenet angewendet worden und auch von Fossa-Mancini[1] zu Versuchen über die Filtergesetze benutzt worden. Damit brauchbare Ergebnisse erzielt werden können, müßte eine Kasteneinrichtung zur Bestimmung des Gefälles am Brunnen so große Abmessungen erhalten, daß erhebliche Kosten entstehen. Ferner tritt bei allen Kastenversuchen der Umstand als sehr erschwerend und störend auf, daß es praktisch unmöglich ist, das Bodenmaterial in genau derselben Lagerung einzubringen, wie eine solche im natürlichen Untergrund auftritt. Versuche im Gelände sind daher entschieden vorzuziehen. Leider ist bei Pumpversuchen im Gelände bisher kein Wert darauf gelegt worden, das Höchstgefälle zu beobachten. Derartige Beobachtungen — und zwar bei Bodenarten mit k-Werten von wechselnder Größe — sind zur Nachprüfung der nachfolgenden Betrachtungen geeignet und erwünscht.

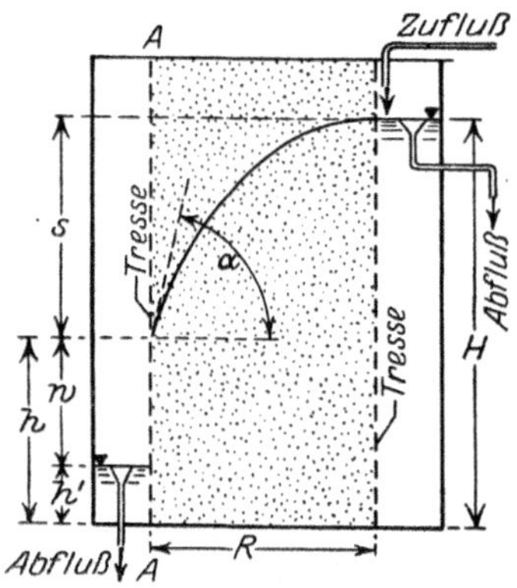

Abb. 13. Versuchseinrichtung zur Beobachtung des Grenzgefälles des Grundwasserspiegels.

Diese gehen, unter Vermeidung besonderer kostspieliger Versuche, von Erfahrungen aus, die bei ausgeführten Grundwasserabsenkungsanlagen gemacht worden sind.

Es wurde auf die Feststellung des absoluten Höchstgefälles i_m verzichtet, und es wurden für eine Reihe von Bodenarten verschiedener Durchlässigkeit die Werte i_0 unmittelbar aus Beobachtungen, die im Beharrungszustand gemacht worden sind, ermittelt. Es bleibt also

[1] Fossa-Mancini, Sur le débit des puits dans les terrains perméables Ann. des ponts et chaussées, 6. Lief., S. 823. 1890.

unerörtert, wieweit während kürzerer Betriebsabschnitte die Werte i_0 überschritten werden können.

Der genannte Weg ist bei der Aufstellung der Zahlentafel 4 beschritten worden. Das Ergebnis ist eine Reihe von k-Werten, denen eine Reihe zugehöriger i_0-Werte gegenübersteht.

In Abb. 14 sind die einzelnen k-Werte als Abszissen und die zugehörigen i_0-Werte als Ordinaten aufgetragen. Verbindet man die durch die zugehörigen Koordinaten k und i_0 bestimmten Punkte durch einen Linienzug, so erkennt man, daß dieser sich durch eine stetig verlaufende Kurve ersetzen läßt, die die Abhängigkeit der Werte i_0 vom k-Wert zur Darstellung bringt. Die Gleichung dieser i_0-Kurve ergibt eine sehr erwünschte Beziehung zwischen den Werten k und i_0, die zwar nur empirisch begründet ist, jedoch gerade deshalb hohen praktischen Wert hat.

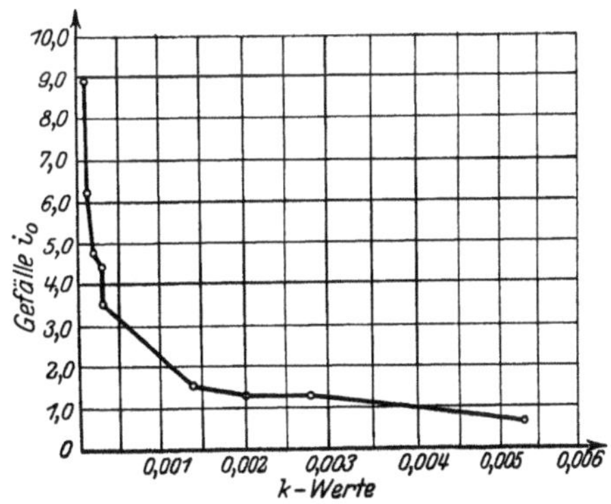

Abb. 14. Beziehungen zwischen dem Grenzgefälle i_0 am Brunnen und dem k-Wert gemäß Zahlentafel 4.

Die Gestalt der i_0-Linie hat den Charakter einer Hyperbel, deren allgemeine Gleichung lautet:

$$m \cdot i_0 = \left(\frac{1}{k}\right)^n.$$

Von der Überlegung ausgehend, daß die Bestimmung von m und n um so besser begründet ist, je sicherer die zugrunde gelegten Koordinaten k und i_0 feststehen, wurde die Rechnung mit

$$k = 0{,}000197 \quad i_0 = 4{,}78$$
$$k = 0{,}0024 \quad i_0 = 1{,}30$$

durchgeführt. Das Wertepaar $k = 0{,}0024$ und $i_0 = 1{,}30$ als Mittel aus den Beobachtungen Gartenfeld und Tegel beruht auf eigenen Beobachtungen und erscheint besser begründet als die oberen Werte $k = 0{,}0053$ und $i_0 = 0{,}667$ (Leipzig), da eine Wasserentnahme von 8,33 l/sek. je Brunnen bei einem k-Wert von 0,0053 m/sek. als sehr niedrig anzusehen ist, so daß zu bezweifeln ist, ob die Leistungsfähigkeit des Brunnens erreicht worden ist. Andererseits ist eine Wasserentnahme von 2,15 l/sek. je Brunnen bei $k = 0{,}000103$ (Wemeldinge-Westseite) reichlich hoch.

Die Ausrechnung liefert

$$m = 14{,}9 \quad = \sim 15 \quad \text{und}$$
$$n = \quad 0{,}52 = \sim {}^1/_2.$$

Mit diesen Werten erhält man die sehr handliche Formel

$$i_0 = \frac{1}{15\sqrt{k}}. \tag{4}$$

Es ist zu wünschen, daß durch neuere Beobachtungen die Gelegenheit geboten wird, Formel (4) nachzuprüfen.

Setzt man $i_0 = \frac{1}{15\sqrt{k}}$ als praktisch nicht zu überschreitendes Höchstgefälle an Stelle von i_m in Formel (3) ein, so erhält man diese in der Form

$$f = 2\,x_0\,\pi\,y_0\,k\,i_0 \tag{5}$$

bzw.

$$f = 2\,x_0\,\pi\,y_0\,\frac{\sqrt{k}}{15}, \tag{5a}$$

wobei f das praktische Fassungsvermögen, das bei Innehaltung des Wertes i_0 erreicht wird, bedeutet.

Das auf die Einheit der Eintauchtiefe bezogene Fassungsvermögen, den Fassungswert[1], bezeichnen wir mit φ, und es gilt

$$\varphi = 2\,x_0\,\pi\,\frac{\sqrt{k}}{15} \tag{6}$$

und

$$f = \varphi\,y_0\,. \tag{7}$$

Zahlentafel 5. Werte i_0, φ und f für $2x_0 = 0{,}15$ m, $y_0 = 5{,}0$ m bei verschiedenen k-Werten von 0,0001 bis 0,01.

k m/sek	i_0	φ l/sek.	f l/sek für $y_0 = 5{,}0$
0,0001	6,67	0,314	1,57
0,0002	4,72	0,445	2,225
0,0003	3,85	0,544	2,72
0,0004	3,33	0,628	3,14
0,0005	2,98	0,702	3,51
0,0006	2,72	0,768	3,84
0,0007	2,52	0,832	4,16
0,0008	2,35	0,886	4,43
0,0009	2,22	0,940	4,70
0,001	2,11	0,994	4,97
0,00125	1,89	1,114	5,57
0,00150	1,72	1,216	6,08
0,00175	1,59	1,310	6,55
0,002	1,49	1,404	7,02
0,003	1,22	1,724	8,62
0,004	1,05	1,982	9,91
0,005	0,94	2,216	11,08
0,006	0,86	2,430	12,15
0,007	0,80	2,634	13,17
0,008	0,75	2,826	14,13
0,009	0,70	2,970	14,85
0,01	0,667	3,140	15,70

In der Zahlentafel 5 sind die unter Benutzung der Grundformel $i_0 = \frac{1}{15\sqrt{k}}$ zu den Werten k sich ergebenden, zugehörigen Werte i_0 für $k = 0{,}0001$ bis $k = 0{,}01$ zusammengestellt, ferner die entsprechenden Fassungswerte und die Werte f für $2x_0 = 0{,}15$ m und $y_0 = 5{,}0$ m.

Die in Zahlentafel 5 enthaltenen Werte k, i_0 und φ sind in Abb. 15 graphisch verglichen, und zwar sind zu den Abszissen k sowohl die zugehörigen Werte i_0 als auch die Werte φ für $2\,x_0 = 0{,}15$ m als Ordinaten aufgetragen worden. Die durch Verbindung der Endpunkte der Ordinaten φ entstehende Kurve zeigt einen parabolischen Verlauf; in der Tat ist ja die Gleichung $\varphi = 2\,x_0\,\pi\,\frac{\sqrt{k}}{15}$ für konstante Werte x_0 die Gleichung einer Parabel.

Die vorstehend abgeleiteten Formeln können nicht ohne weiteres für Wasserversorgungsbrunnen angewandt werden, da diese wegen der in

[1] Vgl. S. 20.

Betracht kommenden erheblich größeren Betriebszeiten nicht in gleichem Maße beansprucht werden können wie die nur vorübergehend betriebenen Absenkungsbrunnen.

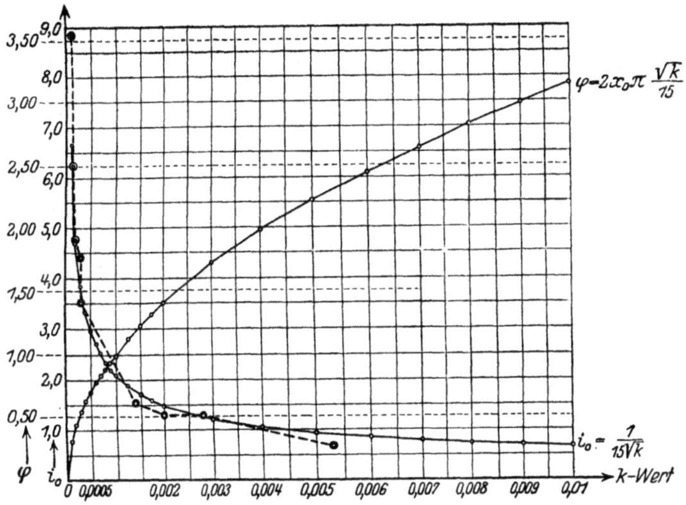

Abb. 15. Beziehungen zwischen dem Grenzgefälle i_0, dem Fassungswert φ und dem k-Wert unter Zugrundelegung der Formeln $i_0 = \frac{1}{15\sqrt{k}}$ und $\varphi = 2x_0\pi\frac{\sqrt{k}}{15}$.

6. Beziehungen zwischen der Korngröße des Filtermaterials und der wirklichen Grundwassergeschwindigkeit an der äußeren Brunnenmantelfläche. Es ist eine wichtige, schon häufig erörterte Frage, inwieweit durch den Betrieb von Grundwasserabsenkungsbrunnen Bodenbewegungen hervorgerufen werden können. Wird durch das einem Brunnen zuströmende Wasser so viel Sand mitgeführt, daß das Gefüge des den Brunnen umgebenden Bodenmaterials gestört wird, so daß Risse und Setzungen im Boden entstehen, so könnte hierdurch die Standfestigkeit benachbarter Gebäude beeinflußt werden.

Es ist daher zu untersuchen, ob bei den Grundwassergeschwindigkeiten, die sich bei Anwendung der Grundformel

$$i_0 = \frac{1}{15\sqrt{k}}$$

ergeben, die Gefahr solcher Bodenbewegungen vorliegt.

Vorweg sei bemerkt, daß in praktischen Fällen sehr schwer zu entscheiden ist, ob Rißbildungen und Setzungen an bestehenden Gebäuden durch den Betrieb von Absenkungsbrunnen oder durch die Nachgiebigkeit der üblichen Baugrubenaussteifungen hervorgerufen worden sind. Da Rißbildungen und Setzungen in der Folge tiefer Ausschachtungen in bebauten Stadtteilen aufgetreten sind, ohne daß eine Grundwasserabsenkung stattgefunden hatte, und da ferner — besonders in Berlin — zahlreiche Absenkungen des Grundwasserspiegels ausgeführt sind, bei denen keinerlei Änderungen an benachbarten, bestehenden Bauwerken wahrgenommen worden sind, so kann nicht behauptet werden, daß das Grundwasserabsenkungsverfahren bei sachgemäßer Ausführung mit besonderen Gefahren verknüpft sei, um so weniger, als bisher bei den zahlreichen Anwendungen kein Fall bekannt geworden ist, bei dem dem Grundwasserabsenkungsverfahren die Verursachung großer Schäden oder gar einer Katastrophe nachgewiesen werden konnte. Auf Grund der praktischen Erfahrung kann die oben gestellte Frage dahingehend beantwortet werden, daß — immer unter der Voraussetzung sachgemäßer Ausführung — gefahrbringende Bodenbewegungen nicht eintreten. Der Wert einer rechnerischen Untersuchung wird hierdurch nicht herabgesetzt, da immer damit zu rechnen ist, daß Veränderungen an bestehenden Bauwerken dem Absenkungsverfahren zur Last gelegt werden, und deshalb alle theoretischen Betrachtungen über diesen Gegenstand mit dazu beitragen können, solche Angriffe abzuwehren.

Die Formel für die ideelle, auf den vollen Durchflußquerschnitt am Brunnenmantel bezogene Geschwindigkeit

$$v_0 = k \cdot i_0 \tag{8}$$

geht durch Einsetzen von $i_0 = \dfrac{1}{15\sqrt{k}}$ über in

$$v_0 = \frac{\sqrt{k}}{15}. \tag{9}$$

Die Fortschrittsgeschwindigkeit[1] der dem Brunnen zugerichteten Grundwasserströmung beträgt am äußeren Brunnenmantel

$$v_0' = \frac{v_0}{\mu}, \tag{10}$$

worin μ das Hohlraumverhältnis des Untergrundes bedeutet. Falls alle Poren lotrecht auf den gedachten Durchflußquerschnitt gerichtet wären, wäre v_0' die wirkliche Geschwindigkeit des Grundwasserstromes beim Eintritt in den Brunnen, wobei eine wirkliche Durchflußfläche von $\mu \cdot F$ zur Verfügung stände, wenn F den uneingeschränkten Durchflußquerschnitt bedeutet.

Bei gleicher Korngröße und dichtester Lagerung der Körner beträgt nach Slichter[2] der Kleinstwert des Hohlraumverhältnisses $\mu = 0{,}2595$. Zwar wird nach L. Darapsky[3] dieser Wert bei gleichem Korndurch-

---

[1] Prinz, E.: Handbuch der Hydrologie S. 124. 1919.
[2] Forchheimer, Ph.: Hydraulik S. 428. 1914.
[3] Darapsky, L.: Filtergeometrie. Z. Math. Phys. vom 11. Januar 1912.

messer praktisch wesentlich überschritten, in den aus Material verschiedener Korngrößen bestehenden Haufwerken, aus denen sich die natürlichen Grundwasserträger zusammensetzen, sind jedoch Werte von μ beobachtet worden, die bei dem genannten Grenzwert liegen. So fand Piefke[1] für den Sand Nr. 1 $\mu = 0{,}249$ und ferner kann nach Prinz[2] für den Berliner Untergrund und viele andere Haufwerke $\mu = 0{,}25$ angenommen werden. Wenn daher weiterhin $\mu = 0{,}25$ den Berechnungen zugrunde gelegt wird, so darf erwartet werden, daß die sich ergebenden Geschwindigkeiten an der oberen Grenze liegen.

Es besteht wenig Wahrscheinlichkeit dafür, daß bei einem natürlichen Filtermaterial mit verschiedenen Korngrößen eine gedachte lotrechte Durchflußfläche nur große Körner, die sich in der denkbar engsten Lagerung befinden, schneidet. Näher liegt die Vermutung, daß in allen denkbaren Durchflußquerschnitten ein freier Querschnitt von nahezu $\mu \cdot F$ für den Durchtritt des Wassers zur Verfügung steht. Andererseits besteht keine Sicherheit, daß die Durchflußbahnen wagrecht in radialer Richtung auf die Brunnenachse gerichtet sind, wie es die Gleichung (10) voraussetzt, wenn v_0' die wirkliche Höchstgeschwindigkeit wäre. Die Durchflußbahn, deren Länge Slichter[3] als Porenlänge bezeichnet, kann mehr oder minder gekrümmt verlaufen. Bei gleichmäßiger Korngröße beträgt nach Slichter die Porenlänge l, wenn h die Filterdicke bezeichnet:

$$l = \frac{1 + \cos\delta}{\sin\delta\sqrt{1 + 2\cos\delta}}\left(1 + \frac{0{,}065\left(\frac{\pi}{2} - \delta\right)}{\frac{\pi}{6}}\right) h\,.$$

Der größte denkbare Wert für l besteht für $\delta = 60°$ mit $l = 1{,}591\,h$.

Nimmt man an, daß die freie Durchflußfläche in jedem vom Grundwasserstrom durchflossenen, uneingeschränkten Querschnitt F die Größe μF hat, und daß die einzelnen Wasserfäden gekrümmte Bahnen mit der Porenlänge $l = 1{,}591\,h$ beschreiben, so erhält man am Brunnenmantel als wirkliche Höchstgeschwindigkeit der Grundwasserströmung:

$$v_{0w} = \frac{1{,}591\,v_0}{\mu} \tag{11}$$

und für $\mu = 0{,}25$

$$v_{0w} = 6{,}37\,v_0\,. \tag{12}$$

Bei dichtester Lagerung gleichgroßer kugelförmiger Körner kann nach Darapsky[4] der freie Durchflußquerschnitt bis auf 9,34% des Gesamtquerschnittes herabsinken, während er andererseits bis auf

[1] Kyrieleis, W.: Grundwasserabsenkung usw. S. 14.
[2] Prinz, E.: Handbuch der Hydrologie S. 140. 1919.
[3] Forchheimer, Ph.: Hydraulik S. 428/29. 1914.
[4] Darapsky, L.: Filtergeometrie usw. S. 191/192.

$2,9 \cdot 9,34 = 27,1\%$ steigen kann. Bei natürlicher Lagerung des Filtermaterials im Untergrund könnte selbst bei gleich großen Körnern nicht erwartet werden, daß in irgendeiner gedachten Durchflußfläche nur der untere Grenzwert von 9,34% besteht. Immerhin sind einzelne Poren oder Adern denkbar, deren Porenquerschnitt an der unteren Grenze liegt, und man erhält jedenfalls für den bis an die untere Grenze eingeschränkt gedachten Querschnitt einen Höchstwert für die wirkliche Geschwindigkeit der Grundwasserströmung, den wir mit v'_{0w} bezeichnen.

Mit $\mu = 0,0934$ erhält man

$$v'_{0w} = \frac{1}{0,0934} v_0 = 10,7 v_0 . \qquad (13)$$

Hierbei ist die Porenlänge gleich der Filterdicke angenommen, da nach Darapsky[1] für die engsten Bahnen eine nahezu gleichgerichtete Strömung anzunehmen ist.

Darapsky steht auf Grund seiner eingehenden Untersuchungen über die Wasserbewegung in Kugelhaufwerken im Gegensatz zu Slichter auf dem Standpunkt, daß eine völlig sichere, analytische Behandlung des Problems vorläufig noch nicht möglich ist. Insbesondere ist es noch nicht gelungen, die Einflüsse von Viskosität, Wirbelung und Oberflächenanziehung im einzelnen genau genug zu erfassen. Bei den vorliegenden Ableitungen kommen sie im k-Wert, der eine empirische Größe ist, mit zur Geltung.

Auch der vorstehend mitgeteilte Versuch einer Erfassung der wirklichen Höchstgeschwindigkeit der Grundwasserströmung, die in einzelnen Poren am Brunnenaußenmantel auftreten kann, stellt lediglich eine Annäherungsberechnung dar, die jedoch für den Fall

$$v'_{0w} = 10,7 v_0 \quad [\text{Gl. } (13)]$$

mit einiger Wahrscheinlichkeit einen Maximalwert liefert, der im Durchschnitt nicht erreicht werden wird.

Mit $v_0 = \frac{\sqrt{k}}{15}$ [Gl. (9)] erhält man

$$v'_{0w} = 0,714 \sqrt{k} . \qquad (14)$$

Je größer die wirkliche Geschwindigkeit ist, mit der sich die einzelnen Wasserfäden, in die ein Grundwasserstrom zerlegt gedacht werden kann, durch die Poren des Filtermaterials bewegen, desto größer sind auch die Körner, die von der in den Poren auftretenden Strömung in Bewegung gesetzt werden können.

Jedem Geschwindigkeitswerte v'_{0w} wird ein bestimmter Korndurchmesser d'_{0w} entsprechen, der sich gerade noch in Ruhe befindet. Eine angenäherte Beziehung zwischen d'_{0w} und v'_{0w} läßt sich unter Benutzung

---

[1] Darapsky, L.: Filtergeometrie usw. S. 193.

der von Prinz[1] mitgeteilten Gegenüberstellung verschiedener Korngrößen mit denjenigen Geschwindigkeiten ableiten, bei welchen das Korn in Schwebe gehalten wird.

Die nachstehende Zahlentafel 6 enthält die sich durch Mittelbildung aus den Prinzschen Zahlen ergebenden Werte d'_{0w} und v'_{0w}. Ferner ist für jedes Wertepaar das Verhältnis $\frac{v'_{0w}}{d'_{0w}}$ angegeben.

Zahlentafel 6.

Korngröße d'_{0w} m	Geschwindigkeit v'_{0w} m/sek	Verhältnis $\frac{v'_{0w}}{d'_{0w}}$	
0,000125	0,0145	116,00	im Mittel 122,6
0,000375	0,0520	138,50	
0,000750	0,0855	114,00	
0,001500	0,1400	93,50	
0,002500	0,1805	72,00	

Für die drei unteren Werte von d'_{0w}, die hauptsächlich für die natürlichen Grundwasserträger in Betracht kommen, erhält man im Mittel $\frac{v'_{0w}}{d'_{0w}} = 122{,}6$ bzw.

$$v'_{0w} = 122{,}6\, d'_{0w}. \tag{15}$$

Setzt man gemäß Gleichung (14)

$$v'_{0w} = 0{,}714 \sqrt{k},$$

so geht Gl. (15) über in

$$d'_{0w} = 0{,}00567 \sqrt{k} \quad (d'_{0w} \text{ in m}). \tag{16}$$

Bezeichnet d in cm den mittleren Korndurchmesser eines Grundwasserträgers, so besteht nach Seelheim[2] folgende Beziehung zwischen dem mittleren Korndurchmesser und dem Bodendurchlässigkeitswert k:

$$k = 37{,}6\, d^2 \text{ cm/sek}.$$

Hieraus erhält man

$$d = \sqrt{\frac{k}{3760}} \quad (d \text{ in m})$$

bzw.

$$d = 0{,}0163 \sqrt{k}.$$

Demnach wäre

$$d : d'_{0w} = 0{,}0163 : 0{,}00567 = 2{,}87 : 1$$

und

$$d \;\; = 0{,}349\, d. \tag{17}$$

Aus diesen Überlegungen folgt, daß alle Korngrößen, deren Korndurchmesser größer als 0,349 d sind, nicht bewegt werden, sofern das Gefälle des Grundwasserstromes den Wert $i_0 = \frac{1}{15\sqrt{k}}$ nicht überschreitet.

[1] Prinz, E.: Handbuch der Hydrologie S. 359. Berlin: Julius Springer 1919.
[2] Forchheimer, Ph.: Hydraulik S. 421. 1914.

Die Werte d'_{0w} und v'_{0w} sind, wie oben erwähnt wurde, nur für einzelne Poren zu erwarten, die sich kaum auf eine größere Filterdicke erstrecken werden. Die Bewegung in diesen engen Poren dürfte daher nur lokaler Natur sein, und es darf angenommen werden, daß nur der Mittelwert der wirklichen Grundwassergeschwindigkeit $v_{0w} = 6{,}37\, v_0$ für den Transport kleinerer Körner auf größere Strecken in Frage kommt.

Aus $v_{0w} = 6{,}37\, v_0$ [Gl. (12)]

$v_0 = \frac{\sqrt{k}}{15}$ [Gl. (9)]

$v_{0w} = 122{,}6\, d_{0w}$ [Gl. (15)]

erhält man

$$d_{0w} = 0{,}00338 \sqrt{k}, \tag{18}$$

und es gilt daher

$$d : d_{0w} = 0{,}0163 : 0{,}00338 = 4{,}83 : 1$$

und

$$d_{0w} = 0{,}207\, d. \tag{19}$$

Eine Fortbewegung auf weitere Strecken wäre also nur für Körner mit einem Korndurchmesser $d_{0w} \leqq 0{,}207\, d$ zu erwarten.

Bei den bisherigen Überlegungen wurde nicht berücksichtigt, daß eine Bewegung der kleineren Körner, deren Durchmesser unter den Grenzwerten d_{0w} bzw. d'_{0w} liegen, nur eintreten kann, wenn diese Körner in den Poren frei gelagert sind, ohne daß sie zur Stützung der umgebenden Körner beitragen und an der Aufnahme und Übertragung der in dem Haufwerk auftretenden inneren Kräfte teilnehmen. Alle Körner, deren Größe zwar unter den genannten Grenzwerten liegt, die aber stützend am Aufbau des Haufwerks beteiligt sind, scheiden für die Bewegung aus. Je gleichmäßiger die Korngröße des Haufwerkes ist, d. h. je geringer die Abweichungen von der mittleren Korngröße sind, desto unwahrscheinlicher ist das Eintreten von Bewegungen einzelner Körner; aber auch dann, wenn sich das Filtermaterial aus Körnern ganz verschiedener Größen zusammensetzt, ist keine Gefahr gefährlicher Bewegungen vorhanden, da in diesem Falle auch die kleineren Körner mit an der Lastübertragung teilnehmen werden und da ferner die Porenweiten entsprechend kleiner sein werden. Nur die allerfeinsten, etwa vorhandenen Bodenteilchen tonigen Charakters werden daher überhaupt in Bewegung gesetzt werden können. Da jedoch die Größe des Gefälles, und damit die wirkliche Wassergeschwindigkeit schon bei geringer Entfernung vom Brunnenmantel schnell abnimmt, so werden sich solche Bewegungen nur in allernächster Nachbarschaft des Brunnens vollziehen können. Tatsächlich ist das Auftreten von geringen Bodenbeimengungen im geförderten Wasser, das mitunter bei der Inbetriebnahme von Absenkungsbrunnen in sehr feinen Sandschichten mit tonigen Bestandteilen beobachtet wird, nur sehr kurze Zeit zu bemerken. Entnommene Wasserproben zeigen bald eine völlige Klärung. Sofern man nur durch richtige Auswahl der Filtertresse dafür sorgt, daß die stützenden Bestandteile des Untergrundes zurückgehalten werden, hat eine solche zeitweilige Ausspülung der nächsten Umgebung des Brunnens sogar den Vorteil, daß das Fassungsvermögen des Brunnens gesteigert wird.

In der nachfolgenden Zahlentafel 7 sind für verschiedene k-Werte die zugehörigen Werte v_0, v_{0w}, v'_{0w}, d, d_{0w}, d'_{0w} zusammengestellt:

Zahlentafel 7.

m/sek	m/sek			m		
k	v_0	v_{0w}	v'_{0w}	d	d_{0w}	d'_{0w}
0,0001	0,000667	0,00425	0,00714	0,000163	0,0000337	0,0000567
0,0002	0,000944	0,00601	0,0101	0,000231	0,0000477	0,0000805
0,0003	0,001155	0,00736	0,0124	0,000283	0,0000585	0,0000985
0,0004	0,001332	0,00850	0,0143	0,000326	0,0000674	0,0001135
0,0005	0,001490	0,00950	0,0159	0,000365	0,0000755	0,0001271
0,0006	0,001632	0,0104	0,0175	0,000400	0,0000825	0,0001392
0,0007	0,001764	0,0112	0,0189	0,000432	0,0000892	0,0001504
0,0008	0,001880	0,0120	0,0201	0,000462	0,0000954	0,0001608
0,0009	0,001998	0,0127	0,0214	0,000489	0,0001010	0,0001703
0,001	0,002110	0,0135	0,0226	0,000516	0,0001065	0,0001797
0,00125	0,00236	0,0150	0,0253	0,000577	0,000119	0,0002008
0,00150	0,00258	0,0164	0,0276	0,000632	0,000134	0,0002200
0,00175	0,00278	0,0177	0,0298	0,000682	0,000141	0,0002375
0,002	0,00298	0,0190	0,0319	0,000729	0,000151	0,000254
0,003	0,00366	0,0233	0,0392	0,000894	0,000184	0,000311
0,004	0,00420	0,0268	0,0450	0,001031	0,000213	0,000359
0,005	0,00470	0,0300	0,0503	0,001152	0,000238	0,000402
0,006	0,00516	0,0338	0,0552	0,001262	0,000261	0,000440
0,007	0,00560	0,0357	0,0600	0,001364	0,000282	0,000476
0,008	0,00600	0,0382	0,0643	0,001458	0,000302	0,000508
0,009	0,00630	0,0402	0,0675	0,001547	0,000319	0,000538
0,01	0,00667	0,0425	0,0714	0,00163	0,000337	0,000567

B. Der Einfluß des Fassungsvermögens auf die Absenkung eines Einzelbrunnens.

1. Ableitung der erweiterten Absenkungsformeln. Aus der Gleichung (6) für den Fassungswert: $\varphi = 2 x_0 \pi \frac{\sqrt{k}}{15}$ folgt, daß für Brunnen gleichen Halbmessers die Fassungswerte sich wie die Quadratwurzeln der k-Werte verhalten, wenn die miteinander zu vergleichenden Brunnen in Bodenarten verschiedener Durchlässigkeit betrieben werden. Für

Brunnen mit verschiedenen Brunnenhalbmessern verhalten sich die Fassungswerte bei demselben Untergrund wie die Brunnenhalbmesser.

Wenn somit ein Brunnen von größerem Halbmesser einem solchen von kleinerem Halbmesser insofern überlegen ist, als er imstande ist, eine größere Wassermenge bei gleich großer benetzter Filterlänge zu fassen, so darf hieraus noch nicht geschlossen werden, daß der größere Brunnen mehr für Absenkungszwecke geeignet ist als der kleine.

Betrachten wir zunächst den Absenkungsvorgang bei einem einzelnen Brunnen. Dem Fassungsvermögen des Brunnens steht die von außen entsprechend der jeweiligen Absenkung am Brunnen zufließende Wassermenge, die „Ergiebigkeit", gegenüber. Aus der bekannten Ergiebigkeitsgleichung[1]

$$Q = \frac{\pi k (H^2 - y_0^2)}{\ln \frac{R}{x_0}}$$

folgt, daß für gleiche Werte y_0, also gleiche Absenkung, der Zulauf Q für verschiedene Werte x_0 sich mit der Änderung von $\ln x_0$ im Nenner ändert. Prinz[2] hat diese Änderung graphisch dargestellt. Die Ergiebigkeitskurve steigt mit wachsendem Brunnenhalbmesser x_0 zunächst sehr schnell an, verflacht sich sodann aber, etwa von $x_0 = \frac{0,1}{2}$ ab, sehr schnell und zeigt von $x_0 = \frac{0,3}{2}$ ab nur noch eine geringe Zunahme der Ordinaten Q, selbst bei erheblicher Zunahme von x_0. Hieraus folgert Prinz mit Recht, daß es keinen Vorteil bringt, bei Wasserversorgungsbrunnen die Brunnendurchmesser über 0,2 bis 0,25 m hinaus zu vergrößern, da selbst einer wesentlichen Erhöhung des Brunnendurchmessers nur eine geringfügige Erhöhung der Fördermenge gegenübersteht.

Handelt es sich um einen Absenkungsbrunnen, dessen Aufgabe es doch ist, eine möglichst tiefe Absenkung zu erzielen, so muß bedacht werden, daß sich mit zunehmender Absenkung die im Beharrungszustand zu fördernde Wassermenge, der Wasserandrang, erhöht, während das Fassungsvermögen des Brunnens abnimmt. Für jeden Brunnenhalbmesser gibt es einen Grenzwert der Absenkung, bei welchem Zulauf und Fassungsvermögen einander gleich sind. Dieser Grenzwert der Absenkung, der mit Eintritt des Beharrungszustandes erreicht wird, kann bzw. darf praktisch nicht überschritten werden, da der infolge der Überschreitung vergrößerte Zulauf nur durch eine nachteilige Erhöhung der Eintrittsgeschwindigkeit und des Fassungswertes aufgenommen werden könnte.

Für den Zustand der tiefsten Absenkung, die unter Berücksichtigung des Fassungsvermögens möglich ist, gilt daher

$$f = Q. \tag{20}$$

[1] Prinz, E.: Handbuch der Hydrologie S. 179. 1919. [2] Ebenda S. 186.

Für f besteht ferner Gleichung (7)

$$f = \varphi \cdot y_0 .$$

Diese beiden Gleichungen (7) und (20) treten zu der bekannten Absenkungsgleichung des Einzelbrunnens

$$H^2 - y_0^2 = \frac{Q}{\pi k} \ln \frac{R}{x_0} ,$$

die allein, weil Q und y_0 als Unbekannte aufzufassen sind, zur rein analytischen Verfolgung des Absenkungsvorganges nicht ausreicht. Nachdem nunmehr die drei Gleichungen

$$H^2 - y_0^2 = \frac{Q}{\pi k} \ln \frac{R}{x_0} ,$$

$$f = \varphi \cdot y_0 ,$$

$$f = Q$$

zur Verfügung stehen, in denen bei Kenntnis der Bodenverhältnisse und der Brunnenkonstruktion (k, R, H, x_0, φ bekannt) die drei Unbekannten Q, y_0, f auftreten, wird als erweiterte Absenkungsgleichung unter Berücksichtigung des Fassungsvermögens des Brunnens erhalten:

$$H^2 - y_0^2 = \frac{\varphi y_0}{\pi k} \ln \frac{R}{x_0} . \tag{21}$$

Unter Berücksichtigung von Gleichung (6) geht Gleichung (21) über in

$$H^2 - y_0^2 = 2 y_0 \frac{x_0}{15 \sqrt{k}} \ln \frac{R}{x_0} . \tag{21a}$$

Wegen Gleichung (4) gilt auch

$$H^2 - y_0^2 = 2 x_0 y_0 i_0 \ln \frac{R}{x_0} . \tag{21b}$$

Aus diesen drei Gleichungen (21, 21a, 21b) errechnet sich y_0 für den Zustand der tiefsten Absenkung zu

$$y_0 = - \frac{\varphi \ln \frac{R}{x_0}}{2 \pi k} + \sqrt{H^2 + \left(\frac{\varphi \ln \frac{R}{x_0}}{2 \pi k} \right)^2} , \tag{22}$$

bzw.

$$y_0 = - \frac{x_0}{15 \sqrt{k}} \ln \frac{R}{x_0} + \sqrt{H^2 + \left(\frac{x_0}{15 \sqrt{k}} \ln \frac{R}{x_0} \right)^2} , \tag{22a}$$

bzw.

$$y_0 = - x_0 i_0 \ln \frac{R}{x_0} + \sqrt{H^2 + \left(x_0 i_0 \ln \frac{R}{x_0} \right)^2} . \tag{22b}$$

In Abb. 16 ist die Ermittlung dieses Grenzwertes für y_0, der hier als y_0' bezeichnet ist, auf graphischem Wege durchgeführt. Trägt man die Werte y_0 von $y_0 = O$ bis $y_0 = H$ als Ordinaten auf und die zugehörigen Werte f als Abszissen, so sind diese durch die Gerade von der Gleichung

$$f = \varphi \cdot y_0 = 2\,x_0\,\pi \frac{\sqrt{k}}{15}\, y_0$$ bestimmt, die als f-Linie eingezeichnet ist. Die ebenfalls als Abszissen aufgetragenen Werte Q sind durch die Ergiebigkeitsparabel, die wir als Q-Kurve bezeichnen, von der Gleichung

$$Q = \frac{\pi\, k (H^2 - y_0^2)}{\ln \dfrac{R}{x_0}}$$

bestimmt. Der Schnittpunkt der f-Linie mit der Q-Kurve liefert den gesuchten Wert y_0', für den $f = Q$ gilt, und der den Gleichungen (22), (22a) und (22b) genügt.

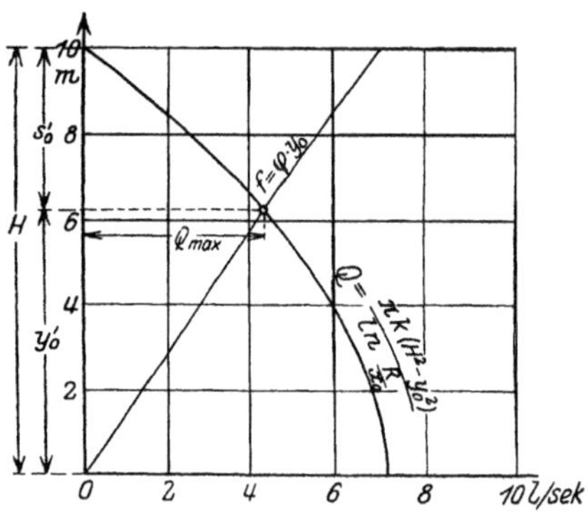

Abb. 16. Graphische Ermittlung des tiefsten Absenkungszustandes für den Einzelbrunnen.

Der größte Wasserandrang, der durch den Brunnen aufgenommen werden kann, ist bestimmt durch die Gleichung $Q = f$. Wir bezeichnen diesen Grenzwert zweckmäßig mit $Q_{\max}$. $Q_{\max}$ läßt sich analytisch durch Einsetzen von y_0 aus (22) bzw. (22a) bzw. (22b) in die Gleichungen

$$Q_{\max} = \varphi \cdot y_0 \tag{23}$$

bzw.

$$Q_{\max} = 2\,x_0\,\pi \frac{\sqrt{k}}{15}\, y_0 \tag{23a}$$

und

$$Q_{\max} = 2\,x_0\,\pi\, i_0\, k\, y_0 \tag{23b}$$

bestimmen.

Es ergibt sich

$$Q_{\max} = f = -\frac{\varphi^2}{2\pi k} \ln\frac{R}{x_0} + \sqrt{H^2 \varphi^2 + \left(\frac{\varphi^2}{2\pi k} \ln\frac{R}{x_0}\right)^2}, \tag{24}$$

bzw.

$$Q_{\max} = f = -\frac{2x_0^2\pi}{15^2} \ln\frac{R}{x_0} + \sqrt{H^2 \frac{2x_0^2\pi}{15^2}\, 2\pi k + \left(\frac{2x_0^2\pi}{15^2} \ln\frac{R}{x_0}\right)^2} \tag{24a}$$

und

$$\frac{1}{k} Q_{\max} = -2\,x_0^2\pi\, i_0^2 \ln\frac{R}{x_0} + \sqrt{H^2 (2\,x_0\pi\, i_0)^2 + \left(2\,x_0^2\pi\, i_0^2 \ln\frac{R}{x_0}\right)^2}. \tag{24b}$$

Abb. 16 zeigt, daß für alle Absenkungsbeträge $s_0 = H - y_0 < H - y_0'$, d. h. also für alle Werte $y_0 > y_0'$ der Zufluß Q geringer als das Fassungsvermögen f ist. Für s_0' bzw. y_0' erhält man den größten möglichen Zulauf $Q_{\max}$ unter völliger Ausnutzung des Fassungsvermögens. Der Wert s'^{0}

stellt den Höchstwert der Absenkung dar, die der Brunnen vom Halbmesser x_0 erreichen kann. Will man mit dem Einzelbrunnen gleicher Länge eine größere Absenkung erzielen, so muß der Brunnenhalbmesser vergrößert werden.

Der Einfluß der Änderung des Brunnenhalbmessers wird aus Abb. 17 ersichtlich. Für verschiedene Brunnenhalbmesser x_{01}, x_{02} und x_{03} sind mit Hilfe der f-Linien und Q-Kurven die zugehörigen Werte s_0' gefunden. Man erhält für

$$x_{01} = \frac{0{,}15}{2}: s_{01} \text{ und } Q_{\max 1},$$

$$x_{02} = \frac{0{,}30}{2}: s_{02} \text{ und } Q_{\max 2},$$

$$x_{03} = \frac{0{,}45}{2}: s_{03} \text{ und } Q_{\max 3}.$$

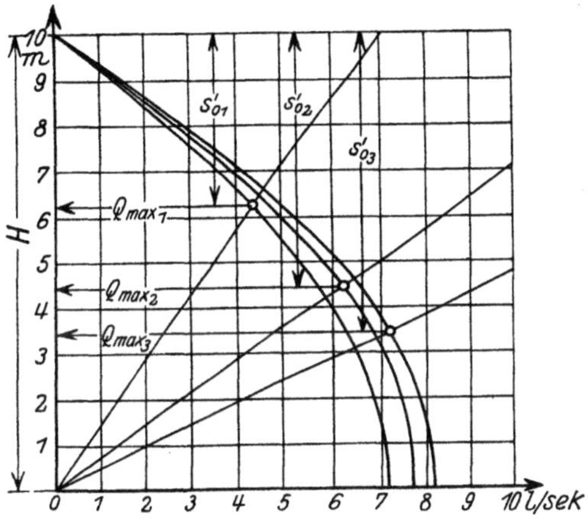

Abb. 17. Einfluß der Änderung des Brunnenhalbmessers auf die Größe der tiefsten Absenkung.

Bei entsprechender Wahl des Brunnenhalbmessers könnte man jede gewünschte Absenkung erreichen; die Zunahme der Absenkung bleibt indessen bei gleichmäßiger Vergrößerung des Brunnenhalbmessers mehr und mehr hinter dem Anwachsen des Brunnenhalbmessers zurück. Man würde also praktisch von einem gewissen Grenzwert der Absenkung ab, der sich durch Kostenvergleichsrechnungen bestimmen läßt, mit einem Einzelbrunnen nur mit unverhältnismäßig hohen Kosten eine Vergrößerung der Absenkung erzielen können.

2. Ergänzung der von Kyrieleis mitgeteilten Zahlenbeispiele über die Absenkung eines Einzelbrunnens. Kyrieleis[1] hat den gegenseitigen Einfluß von Brunnenhalbmesser, Reichweite, Entnahmemenge usw. unter Zugrundelegung der Thiemschen Brunnengleichung behandelt. Unter Berücksichtigung des Einflusses des Fassungsvermögens können nunmehr die Kyrieleisschen Zahlenbeispiele ergänzt und die durch das Fassungsvermögen der Absenkung und Wasserentnahme gezogenen Grenzen bestimmt werden.

Diesen Beispielen liegen folgende Annahmen zugrunde:

$$H = 20{,}00 \text{ m}$$

$$k = 0{,}002 \text{ m/sek}$$

$$R = 1000 \text{ m}.$$

[1] Kyrieleis, W.: Grundwasserabsenkung usw. S. 28ff.

Abb. 18 bringt die Abhängigkeit der Absenkung am Brunnen vom Brunnenhalbmesser x_0 bei konstanter Wasserentnahme zur Darstellung.

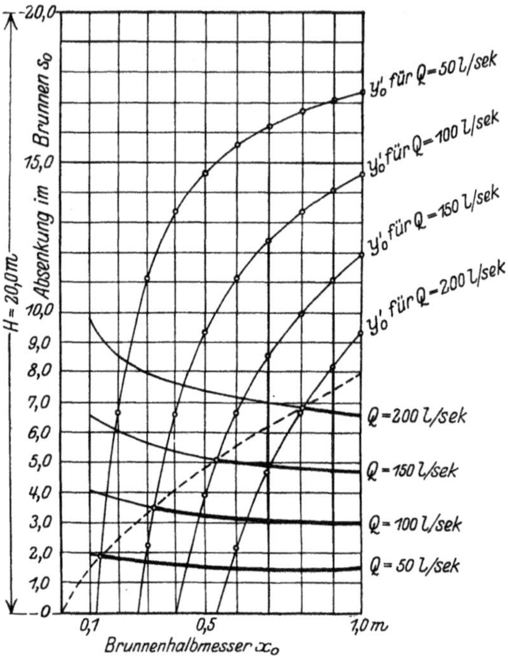

Abb. 18. Absenkung s_0 in einem Brunnen in Abhängigkeit vom Brunnenhalbmesser x_0 bei konstanter Wasserentnahme Q nach Kyrieleis, jedoch unter Berücksichtigung des Fassungsvermögens.

Die Wasserentnahme Q wurde der Reihe nach zu 200, 150, 100 und 50 l/sek gewählt.

Zur Berücksichtigung des Einflusses des Fassungsvermögens werden die Fassungswerte für die Brunnenhalbmesser $x_0 = 0{,}1$ bis 1,0 m bestimmt.

Gemäß Gleichung (6) ist

$$\varphi = 2 x_0 \pi \frac{\sqrt{k}}{15},$$

ferner ist

$$Q_{\max} = f = \varphi \cdot y'_0,$$

und demgemäß

$$y'_0 = \frac{Q_{\max}}{\varphi}.$$

Man erhält folgende Werte:

Zahlentafel 8.

$x_0\ (m)$	φ (l/sek)	$y'_0\ (m)$ für $Q_{\max} =$			
		200	150	100	50 (l/sek)
0,1	1,872	106,8	80,2	53,4	26,7
0,2	3,744	53,4	40,1	26,7	13,35
0,3	5,616	35,6	26,7	17,8	8,9
0,4	7,488	26,7	20,05	13,35	6,67
0,5	9,360	21,36	16,04	10,68	5,34
0,6	11,232	17,8	13,35	8,9	4,45
0,7	13,104	15,26	11,44	7,63	3,82
0,8	14,976	13,35	10,02	6,67	3,34
0,9	16,848	11,87	8,91	5,93	2,94
1,0	18,720	10,68	8,02	5,34	2,67

Zieht man zur Abszissenachse eine Parallele im Abstande $H = 20$ m und trägt man von dieser Parallele aus die gefundenen Werte y'_0 für jeden Halbmesser auf, so erhält man für jeden Wert $Q_{\max}$ eine y_0'-Kurve, deren Schnitt mit der zugehörigen s_0-Kurve den Gültigkeitsbereich der s_0-Kurve bestimmt. Verbindet man sämtliche Schnittpunkte, so erhält man die gestrichelte Kurve als Gültigkeitsgrenze. Nur für die stark ausgezogenen Zweige der s_0-Kurven rechts von der Gültigkeitsgrenze liegt die Entnahme bzw. der ihr entsprechende Wasserandrang innerhalb des Fassungsvermögens. Die links von jener Grenzlinie liegenden s_0-Werte können bei normaler Brunnenbeanspruchung im Dauerbetriebe nicht erreicht werden.

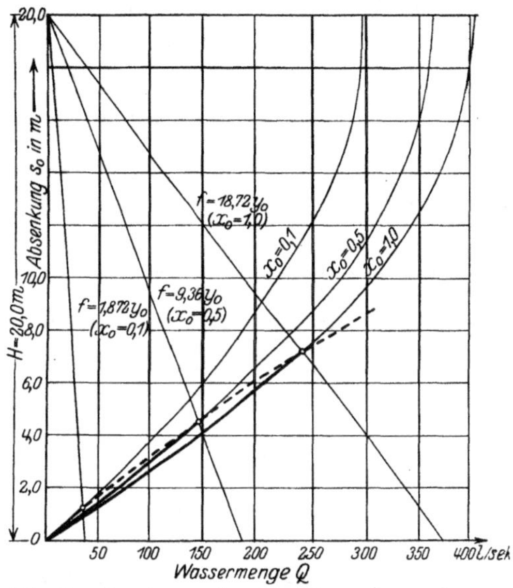

Abb. 19. Absenkung s_0 in einem Brunnen von bestimmtem Halbmesser x_0 in Abhängigkeit von der Wasserentnahme Q nach **Kyrieleis**, jedoch unter Berücksichtigung des durch das Brunnenfassungsvermögen gegebenen Geltungsbereichs.

Abb. 19 zeigt die Abhängigkeit der Absenkung s_0 in einem Brunnen von bestimmtem Halbmesser x_0 von der Wasserentnahme (= Wasserandrang) Q. Man erhält die Gültigkeitsgrenze für die Erschöpfung des Brunnenfassungsvermögens gemäß unserer früheren Abb. 16 durch Auftragen der f-Linien nach der Gleichung

$$f = Q = \varphi \cdot y_0 .$$

Es gilt für

$$x_0 = 0{,}1: \; f = 1{,}872\, y_0$$
$$x_0 = 0{,}5: \; f = 9{,}360\, y_0$$
$$x_0 = 1{,}0: \; f = 18{,}720\, y_0 .$$

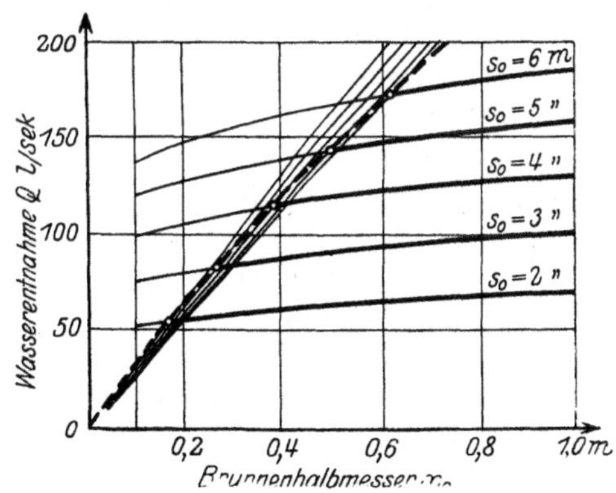

Abb. 20. Wasserentnahme Q in Abhängigkeit vom Brunnenhalbmesser x_0 bei konstanter Absenkung s_0 im Brunnen nach **Kyrieleis**, jedoch unter Berücksichtigung des Brunnenfassungsvermögens.

Die Schnittpunkte der f-Linien mit den zugehörigen Q-Kurven bestimmen die gestrichelt eingetragene Gültigkeitsgrenze. Die im Gültigkeitsbereich liegenden Zweige der Q-Kurven sind stark ausgezogen.

Die Abhängigkeit der Wasserentnahme Q vom Brunnenhalbmesser x_0 bei konstanter Absenkung s_0 im Brunnen ist in Abb. 20 dargestellt.

Zur Bestimmung der Gültigkeitsgrenze ermitteln wir für jede aufgetragene Absenkung das Fassungsvermögen, das jedem der verglichenen Brunnenhalbmesser zukommt.

Aus $f = \varphi \cdot y_0$ erhält man mit $y_0 = H - s_0$

$$f = \varphi (H - s_0)$$

Die Ausrechnung liefert folgende Werte:

Zahlentafel 9.

x_0 m	φ l/sek	f l/sek für $s_0 =$ 2,0 m	3,0 m	4,0 m	5,0 m	6,0 m
0,2	3,744	67,5	63,7	60	56,4	52,6
0,4	7,488	135	127,4	120	112,8	105,2
0,6	11,232	202,5	191,1	180	169,2	157,8
0,8	14,976	270	254,8	240	225,6	210,4
1,0	18,72	337,5	318,5	300	282	263

Die Werte f für konstante s_0 der Tabelle folgen der Gleichung

$$f = 2\, x_0 \pi \frac{\sqrt{k}}{15} (H - s_0),$$

in der $2\pi \frac{\sqrt{k}}{15} (H - s_0)$ eine Konstante ist. Die Auftragung der Tabellenwerte liefert daher 5 vom O-Punkt ausgehende Linien, deren Schnittpunkte mit den Q-Kurven die Gültigkeitsgrenze bestimmen. Diese ist wieder gestrichelt eingetragen und ferner sind die Zweige der Q-Kurven, die innerhalb des Fassungsvermögens liegen, stark ausgezogen.

Aus den vorbehandelten drei Beispielen dürfte zur Genüge hervorgehen, daß kleinere Brunnenhalbmesser größeren insofern überlegen sind, als sie gestatten, eine gewünschte Absenkung mit geringerer Fördermenge und daher auch geringeren Betriebskosten zu erreichen. Auch die einmaligen Ausgaben für Beschaffung und Einbau der Brunnen werden für den kleineren Halbmesser geringer. Eine Einschränkung besteht jedoch dadurch, daß jedem Halbmesser nur eine bestimmte, auf Grund der vorstehenden Darlegungen feststellbare Höchstabsenkung zukommt. Größere Brunnenhalbmesser zeigen sich bei tieferen Absenkungen überlegen, da mit Zunahme des Halbmessers der Grenzwert der erreichbaren Absenkung wächst.

In der Praxis findet der Einzelbrunnen für Grundwasserabsenkungszwecke kaum Verwendung, da die Größe des gewöhnlich vom Grundwasser freizuhaltenden Raumes die Anwendung derartig großer Brunnenhalbmesser erfordern würde, daß die Wirtschaftlichkeit des Verfahrens in Frage gestellt wäre. Es war jedoch notwendig, die Vorgänge am Einzelbrunnen eingehend zu betrachten, da die Theorie der Mehrbrunnenanlage sich auf derjenigen des Einzelbrunnens aufbaut.

C. Die Mehrbrunnenanlage und das Fassungsvermögen ohne Berücksichtigung des Einflusses des Brunnenabstandes auf die Größe des Grenzgefälles am Brunnenaußenmantel.

1. Ableitung der erweiterten Absenkungsformeln. Ganz allgemein lautet die Absenkungsgleichung für die Mehrbrunnenanlage:

$$H^2 - y^2 = \frac{\Sigma q}{\pi k}\left(\ln R - \frac{1}{n} \ln r_1 \cdot r_2 \cdot r_3 \cdot \cdots \cdot r_n\right). \tag{25}$$

Bei kreisförmiger Grundrißanordnung der Brunnen geht die Absenkungsgleichung in die einfachere Form über:

$$H^2 - y^2 = \frac{Q}{\pi k}(\ln R - \ln A)\,, \tag{26}$$

wobei y für den Mittelpunkt des Grundrißkreises gilt, dessen Halbmesser mit A bezeichnet ist.

Auf diesen einfacheren Fall kreisförmiger Brunnenanordnung kann man mit Ausnahme sehr langgestreckter Anlagen bei Vorausberechnungen jede andere praktisch vorkommende Brunnenanordnung zurückführen. Der Durchmesser des Ersatzkreises (vgl. Abb. 21) bestimmt sich zu $A = \sqrt[n]{r_1 \cdot r_2 \cdot r_3 \cdot \cdots \cdot r_n}$, falls eine bestimmte Brunnenzahl zugrunde gelegt wird. Hierbei bedeuten die Werte $r_1, r_2, r_3, \ldots r_n$ die Brunnenabstände vom Schwerpunkt der durch die Brunnen eingeschlossenen wirklichen Grundrißfläche. Soll die Brunnenzahl erst ermittelt werden, so genügt es, die Fläche des Ersatzkreises gleich der Fläche der wirklichen von den Brunnen einzuschließenden Grundrißfläche zu setzen und A entsprechend zu ermitteln.

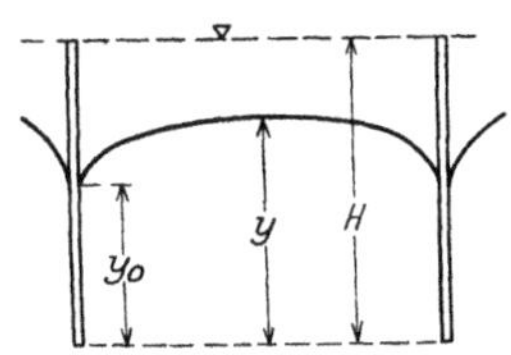

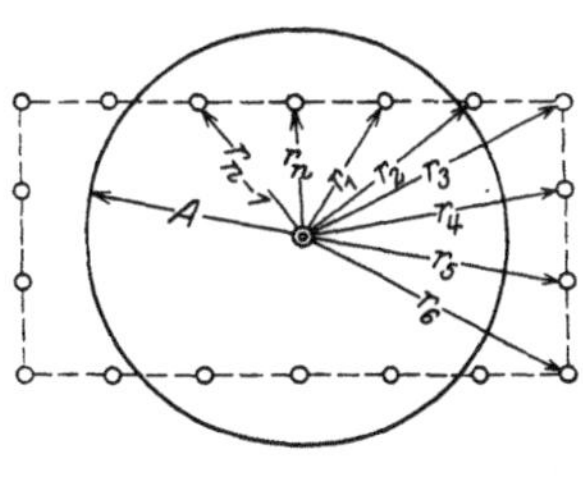

Abb. 21. Ersatz der wirklichen Grundrißanordnung der Brunnen (von beliebiger Gestalt) durch einen gedachten Brunnenkreis (Ersatzkreis).

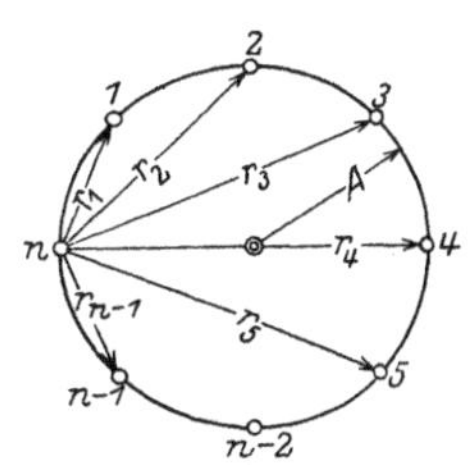

Abb. 22. Mehrbrunnenanlage von kreisförmigem Grundriß mit einer Brunnenstaffel in Betrieb.

Der der gewünschten Absenkung $s = H - y$ entsprechende Wasserandrang oder Zulauf ist durch Gleichung (26) bestimmt.

Ferner erhält man den Wasserstand in den einzelnen Brunnen y_0 aus Gleichung (25) mit $y = y_0$ (vgl. auch Abb. 22):

$$H^2 - y_0^2 = \frac{Q}{\pi k}\left(\ln R - \frac{1}{n} \ln x_0 \cdot r_1 \cdot r_2 \cdot r_3 \cdot \cdots \cdot r_{(n-1)}\right). \tag{25a}$$

Jedem Wert n entsprechen andere Werte $r_1, r_2, r_3, \ldots r_{(n-1)}$, und Änderungen von n ziehen solche von y_0 nach sich. Mit n und y_0 ändert sich auch das Gefälle i_{br} am Brunnenaußenmantel. Für ein bestimmtes Beispiel mit konstanten Werten H, y, R, A und k ist i_{br} also eine Funktion von n bzw. y_0. Hierbei wird unter i_{br} ein praktischer Mittelwert verstanden.

In Wirklichkeit ist das Spiegelgefälle am Brunnenmantel bei Mehrbrunnenanlagen nicht konstant und teils größer, teils kleiner als der genannte Mittelwert[1]. Der Einfluß dieser Abweichungen, die von den Brunnenabständen abhängen, wird später besonders behandelt[2]. Bei nicht zu kleinen Brunnenabständen, wie sie gewöhnlich in der Praxis vorkommen, sind die Abweichungen nur gering. Wir vernachlässigen sie zunächst zur Vereinfachung der grundsätzlichen Ableitungen, die demgemäß nur annäherungsweise und nur für größere Brunnenabstände gültig sind.

Soll das Fassungsvermögen der Brunnen, die zur Erreichung einer bestimmten Absenkung y im Mittelpunkt des Brunnenkreises erforderlich sind, voll ausgenutzt werden, dann muß die Brunnenanzahl n so bestimmt werden, daß dem zu n gehörigen Wert y_0 ein Gefälle am Brunnenmantel entspricht, das gleich dem praktischen Höchstgefälle i_0 ist.

In diesem Falle, der im Beharrungszustand erreicht wird, ist der Gesamtwasserandrang Q gleich dem zur Verfügung stehenden Fassungsvermögen F der gesamten Brunnen; es gilt also

$$Q = F. \tag{27}$$

Bezeichnet f das Fassungsvermögen eines einzelnen Brunnens, so ist

$$F = n f. \tag{28}$$

Mit $f = y_0 \cdot \varphi$ erhält man

$$\frac{F}{n} = y_0 \cdot \varphi . \tag{29}$$

Bisher standen zur Lösung von Absenkungsaufgaben bei Mehrbrunnenanlagen mit kreisförmiger Brunnenanordnung die zwei Gleichungen (25a) und (26) zur Verfügung. Diese enthalten, wenn die Bodenverhältnisse bekannt sind (k, R) und die Absenkungsaufgabe durch Festlegung von A, y, x_0 und H gekennzeichnet ist, die drei Unbekannten Q, y_0 und n. Die beiden Gleichungen reichen also zur rein analytischen Bestimmung der Unbekannten ohne Zuhilfenahme von Schätzungen bzw. Erfahrungen nicht aus. Ferner wurde die Lösung noch durch das Auftreten der Werte $r_1, r_2, r_3, \ldots r_{(n-1)}$ erschwert. Diese Werte mußten der Zeichnung entnommen werden, und für jeden Wert n war eine Vergleichsrechnung nötig.

---

[1] Vgl. auch J. Schultze: Die Grundwasserabsenkung usw. S. 32.
[2] Vgl. S. 52ff.

Unter Berücksichtigung des Fassungsvermögens stehen nunmehr die vier Bestimmungsgleichungen

Gl. (26) : $H^2 - y^2 = \frac{Q}{\pi k} (\ln R - \ln A)$,

Gl. (25a): $H^2 - y_0^2 = \frac{Q}{\pi k} \left(\ln R - \frac{1}{n} \ln x_0 \cdot r_1 \cdot r_2 \cdot r_3 \cdot \cdots \cdot r_{(n-1)} \right)$,

Gl. (27) : $Q = F$,

Gl. (29) : $\frac{F}{n} = y_0 \cdot \varphi$

zur Bestimmung der 4 Unbekannten Q, F, y_0, n zur Verfügung.

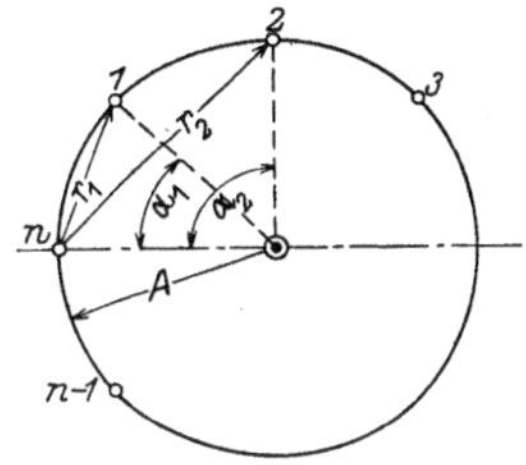

Abb. 23. Beziehungen zwischen den Strahlen r und dem Brunnenhalbmesser A sowie dem Zentriwinkel α.

Gleichung (25a) läßt sich wesentlich vereinfachen. Nach Abb. 23 gelten für den kreisförmigen Grundriß bei gleichen Brunnenabständen folgende Beziehungen:

$$r_1 = 2A \sin\frac{\alpha_1}{2}, \tag{30$_1$}$$

$$r_2 = 2A \sin\frac{\alpha_2}{2}, \tag{30$_2$}$$

$$r_3 = 2A \sin\frac{\alpha_3}{2}, \tag{30$_3$}$$

. . . .

$$r_{(n-1)} = 2A \sin\frac{\alpha_{(n-1)}}{2}. \tag{30$_{(n-1)}$}$$

Mit

$$\alpha_1 = 2\left(\frac{\pi}{n}\right); \quad \alpha_2 = 2\left(\frac{2\pi}{n}\right); \quad \alpha_3 = 2\left(\frac{3\pi}{n}\right); \quad \cdots \quad \alpha_{(n-1)} = 2\left[\frac{(n-1)\pi}{n}\right]$$

wird erhalten:

$$r_1 = 2A \sin\frac{\pi}{n}, \tag{31$_1$}$$

$$r_2 = 2A \sin\frac{2\pi}{n}, \tag{31$_2$}$$

$$r_3 = 2A \sin\frac{3\pi}{n}, \tag{31$_3$}$$

. . . .

$$r_{(n-1)} = 2A \sin\frac{(n-1)\pi}{n}. \tag{31$_{(n-1)}$}$$

Unter Berücksichtigung der Gleichungen (31) geht Gleichung (25a) über in

$$\left.\begin{aligned} H^2 - y_0^2 = \frac{Q}{\pi k}\Big\{\ln R - \ln A + \frac{1}{n}\Big[\ln A - \ln x_0 \\ - \ln\Big(2^{n-1} \sin\frac{\pi}{n} \sin\frac{2\pi}{n} \sin\frac{3\pi}{n} \cdots \sin\frac{(n-1)\pi}{n}\Big)\Big]\Big\}. \end{aligned}\right\} \tag{25b}$$

Wird beachtet, daß

$$2^{n-1} \sin\frac{\pi}{n} \sin\frac{2\pi}{n} \sin\frac{3\pi}{n} \cdots \sin\frac{(n-1)\pi}{n} = n, \tag{32}$$

so geht Gleichung (25b) über in:

$$H^2 - y_0^2 = \frac{Q}{\pi k}\left[\ln R - \ln A + \frac{1}{n}\ln\frac{A}{n x_0}\right]. \tag{25c}$$

Für den hier behandelten Fall völliger Ausnutzung des Fassungsvermögens ergibt die Vereinigung der Gleichungen (27) und (29):

$$\frac{Q}{n} = y_0 \cdot \varphi. \tag{33}$$

Wird Q aus Gleichung (26) in (33) eingesetzt, so wird

$$n y_0 = (H^2 - y^2)\frac{\pi k}{\ln\frac{R}{A}} \cdot \frac{1}{\varphi}. \tag{34}$$

Soll die Brunnenzahl n für eine bestimmte Absenkungsaufgabe ermittelt werden, so ist die rechte Seite von Gleichung (34) konstant. Wir setzen

$$(H^2 - y^2)\frac{\pi k}{\ln\frac{R}{A}} \cdot \frac{1}{\varphi} = U$$

und erhalten:

$$n \cdot y_0 = U \tag{34a}$$

Die Vereinigung der Gleichung (26) und (25c) liefert:

$$y_0^2 = y^2 - \frac{Q}{n \pi k} \ln\frac{A}{n x_0}. \tag{35}$$

Die Bestimmung von n erfolgt zweckmäßig durch Vergleichsrechnungen bzw. auf graphischem Wege aus den Gleichungen (34a) und (35). Für mehrere Werte n rechnet man aus (35) die zugehörigen Werte y_0 aus. Derjenige Wert n ist der gesuchte, für den Gleichung (34) erfüllt ist.

Da n nur eine ganze Zahl sein kann, so wird das Produkt $n \cdot y_0$ für keinen Wert n genau U ergeben. Der gesuchte Wert n ist dann derjenige, für den $n \cdot y_0 > U$ und $(n-1) \cdot y_0 < U$ wird.

Die erforderlichen Vergleichsrechnungen lassen sich einschränken, wenn beachtet wird, daß y_0 meist nur um rund 10—20% kleiner als y ist. Setzt man in Gleichung (34a):

$$y_0 = 0{,}85\, y,$$

so wird

$$n = \frac{U}{0{,}85\, y}.$$

Führt man mit diesem Wert n die erste Vergleichsrechnung durch, so besteht die Aussicht, daß das Ergebnis der wirklichen Lösung sehr nahekommt.

Aus der Vereinigung der Gleichungen (26), (33) und (35) folgt die erweiterte Absenkungsgleichung für die kreisförmige Mehrbrunnenanlage unter Berücksichtigung des Fassungsvermögens.

Wird $Q = n y_0 \varphi$ aus Gleichung (33) in (26) eingesetzt, so wird erhalten:

$$H^2 - y^2 = \frac{n \varphi y_0}{\pi k} (\ln R - \ln A) . \tag{36}$$

Mit $Q = n y_0 \varphi$ geht (35) über in:

$$y_0^2 = y^2 - \frac{\varphi}{\pi k} \ln \frac{A}{n x_0} y_0 . \tag{37}$$

Wegen $\varphi = 2 x_0 \pi i_0 k$ wird ferner

$$y_0^2 = y^2 - 2 x_0 i_0 \ln \frac{A}{n x_0} y_0 . \tag{38}$$

Hieraus folgt

$$y_0 = \sqrt{y^2 + \left(x_0 i_0 \ln \frac{A}{n x_0}\right)^2} - x_0 i_0 \ln \frac{A}{n x_0} . \tag{38a}$$

Wird in Gleichung (36) $\varphi = 2 x_0 \pi i_0 k$ gesetzt und der Wert für y_0 aus Gleichung (38a) eingesetzt, so wird schließlich erhalten:

$$\left.\begin{array}{l} H^2 - y^2 = 2 n x_0 i_0 (\ln R - \ln A) \\ \left[\sqrt{y^2 + \left(x_0 i_0 \ln \frac{A}{n x_0}\right)^2} - x_0 i_0 \ln \frac{A}{n x_0}\right] \end{array}\right\} \tag{39}$$

Bequemer für Zahlenbeispiele ist die Absenkungsgleichung in der Form

$$\frac{Q}{\varphi} = n \left[\sqrt{y^2 + \left(x_0 i_0 \ln \frac{A}{n x_0}\right)^2} - x_0 i_0 \ln \frac{A}{n x_0}\right] . \tag{40}$$

Gleichung (40) entsteht durch Vereinigung von (33) und (38a).

Im allgemeinen wird bei gewöhnlichen Absenkungsanlagen, bei welchen die Absenkung durch eine entsprechende Anzahl Staffeln von Brunnen erreicht werden soll, jede Staffel so stark ausgebildet, daß sie die ihr zukommende Absenkung für sich allein halten kann. Für diese Fälle reicht die oben für einen einzigen Brunnenkranz entwickelte Berechnungsweise aus.

Für jede tiefer gelegene Staffel ist der Halbmesser A kleiner als bei den höheren Staffeln, so daß, falls man sich nicht begnügt, die Rechnung nur für die unterste Staffel durchzuführen, der Rechnung für jeden Absenkungsabschnitt ein anderer Wert A zugrunde zu legen ist. Bei Anwendung in sich gestaffelter Brunnen[1] und bei Anlagen mit Tiefbrunnenpumpen ist A für alle Absenkungsabschnitte gleich.

---

[1] Sichardt, W.: Fortschritte des Grundwasserabsenkungsverfahrens usw. S. 602.

In Sonderfällen kann es vorkommen, daß für einen bestimmten Absenkungszustand zwei konzentrische Brunnenreihen zu berücksichtigen sind, welche zusammenwirken, sei es, daß bei gewöhnlichen Staffelanlagen zwei benachbarte Staffeln in Betrieb gehalten werden sollen, oder daß man bei Verwendung von Tiefbrunnen mit Tauchmotorpumpen die Brunnen in konzentrischen Kreisen anordnet. Es dürfte genügen, den Fall zweier konzentrischer Brunnenkreise zu betrachten, da schon die gleichzeitige Inbetriebhaltung zweier Staffeln verhältnismäßig selten vorkommt.

Für zwei zusammenwirkende Brunnenkränze ergeben sich bei Berücksichtigung des Fassungsvermögens, gemäß Abb. 24, folgende Ansätze:

$$H^2 - y^2 = \frac{n_1 q_1}{\pi k} \ln \frac{R}{A_1} + \frac{n_2 q_2}{\pi k} \ln \frac{R}{A_2} . \tag{40}$$

$$H^2 - y_1^2 = \frac{n_1 q_1}{\pi k} \ln \frac{R}{\sqrt[n_1]{x_0 \cdot r_1 \cdot r_2 \cdot r_3 \cdots r_{(n_1 - 1)}}} + \frac{n_2 q_2}{\pi k} \ln \frac{R}{\sqrt[n_2]{\varrho_1' \cdot \varrho_2' \cdot \varrho_3' \cdots \varrho_{n_2}'}} . \tag{41}$$

$$H^2 - y_2^2 = \frac{n_1 q_1}{\pi k} \ln \frac{R}{\sqrt[n_1]{\varrho_1 \cdot \varrho_2 \cdot \varrho_3 \cdots \varrho_{n_1}}} + \frac{n_2 q_2}{\pi k} \ln \frac{R}{\sqrt[n_2]{x_0 \cdot r_1' \cdot r_2' \cdot r_3' \cdots r_{(n_2 - 1)}'}} . \tag{42}$$

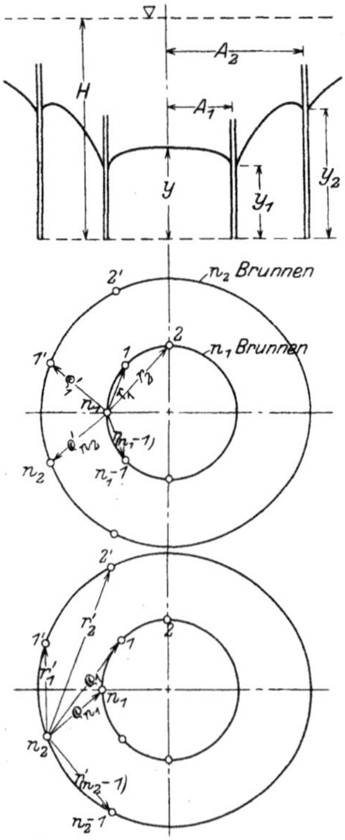

Abb. 24. Mehrbrunnenanlage von kreisförmigem Grundriß mit zwei konzentrischen Brunnenstaffeln in Betrieb.

Die Rechnung vereinfacht sich, wenn $n_1 = n_2 = n$ gesetzt wird; in den meisten Fällen wird tatsächlich die Brunnenzahl der beiden Brunnenkränze dieselbe sein. Berücksichtigt man ferner, daß

$$q_1 = y_1 \cdot \varphi ,$$

$$q_2 = y_2 \cdot \varphi$$

zu setzen ist, so erhält man:

$$(H^2 - y^2) \frac{\pi k}{n \varphi} = y_1 \ln \frac{R}{A_1} + y_2 \ln \frac{R}{A_2} . \tag{40a}$$

Setzt man

$$(H^2 - y^2) \frac{\pi k}{\varphi} = U ,$$

$$\ln \frac{R}{A_1} = V ,$$

$$\ln \frac{R}{A_2} = W ,$$

so geht (40a) über in

$$\frac{U}{n} = y_1 V + y_2 W . \tag{40b}$$

Gleichung (41) in der Form

$$\left.\begin{aligned} y_1^2 = H^2 &- \frac{n\, y_1 \varphi}{\pi k} \ln \frac{R}{\sqrt[n]{x_0 \cdot r_1 \cdot r_2 \cdot r_3 \cdots r_{(n-1)}}} \\ &- \frac{n\, y_2 \varphi}{\pi k} \ln \frac{R}{\sqrt[n]{\varrho_1' \cdot \varrho_2' \cdot \varrho_3' \cdots \varrho_n'}} \end{aligned}\right\} \tag{41a}$$

geht für ein bestimmtes n über in

$$y_1^2 = H^2 - y_1 M - y_2 N\,, \tag{41b}$$

wobei

$$M = \frac{n \varphi}{\pi k} \ln \frac{R}{\sqrt[n]{x_0 \cdot r_1 \cdot r_2 \cdot r_3 \cdots r_{(n-1)}}}\,;$$

$$N = \frac{n \varphi}{\pi k} \ln \frac{R}{\sqrt[n]{\varrho_1' \cdot \varrho_2' \cdot \varrho_3' \cdots \varrho_n'}}\,.$$

Ebenso geht Gleichung (42) in der Form

$$\left.\begin{aligned} y_2^2 = H^2 &- \frac{n\, y_1 \varphi}{\pi k} \ln \frac{R}{\sqrt[n]{\varrho_1 \cdot \varrho_2 \cdot \varrho_3 \cdots \varrho_n}} \\ &- \frac{n\, y_2 \varphi}{\pi k} \ln \frac{R}{\sqrt[n]{x_0 \cdot r_1' \cdot r_2' \cdot r_3' \cdots r_{(n-1)}'}} \end{aligned}\right\} \tag{42a}$$

für ein bestimmtes n über in

$$y_2^2 = H^2 - y_1 O - y_2 P\,, \tag{42b}$$

wobei

$$O = \frac{n \varphi}{\pi k} \ln \frac{R}{\sqrt[n]{\varrho_1 \cdot \varrho_2 \cdot \varrho_3 \cdots \varrho_n}}\,,$$

$$P = \frac{n \varphi}{\pi k} \ln \frac{R}{\sqrt[n]{x_0 \cdot r_1' \cdot r_2' \cdot r_3' \cdots r'_{(n-1)}}}\,.$$

Die Rechnung geht zweckmäßig so vor sich, daß man für einen angenommenen Wert n aus (41b) und (42b) die Werte y_1 und y_2 ermittelt und diese Rechnung mit verändertem n so lange wiederholt, bis Gleichung (40b) erfüllt ist.

Für den ersten Rechnungsgang empfiehlt es sich, n nach der Annahme zu bestimmen, daß nur der innere Brunnenkreis, aber mit $2n$ Brunnen, wirke.

2. Entwicklung einer graphischen Auswertung der Grundformel

$$H^2 - y^2 = \frac{Q}{\pi k} \ln \frac{R}{A}\,.$$

Bei vielen Absenkungsaufgaben muß zunächst der Wasserandrang Q bestimmt werden, bevor die eigentliche Rechnung beginnen kann. Nachfolgend wird gezeigt, wie Q auf graphischem Wege bestimmt werden kann.

Der von einer Mehrbrunnenanlage aufzunehmende Wasserdrang ist bestimmt durch die Grundgleichung (26)

$$H^2 - y^2 = \frac{Q}{\pi k} \ln \frac{R}{A} .$$

Wir schreiben diese Gleichung in der Form:

$$\frac{Q}{k} = (H^2 - y^2) \frac{\pi}{\ln \frac{R}{A}} . \tag{26a}$$

Trägt man gemäß Abb. 25 für verschiedene Werte A als Abszissen für eine Reihe von Werten R die Funktionen $\frac{\pi}{\ln \frac{R}{A}}$ als Ordinaten auf, so geben die zu gleichen Werten R gehörigen Verbindungslinien dieser Ordinaten den Einfluß des Quotienten $\frac{\pi}{\ln \frac{R}{A}}$ auf die Größe $\frac{Q}{k}$ an.

Der Ausdruck $(H^2 - y^2)$ kann für wechselnde Werte H und y nach Zahlentafel 10 oder graphisch bestimmt werden. Die Multiplikation von $(H^2 - y^2)$ und $\frac{\pi}{\ln \frac{R}{A}}$ kann nach Abb. 25 graphisch erfolgen. Endlich kann auch Q durch graphische Ausführung der Multiplikation von Q/k und k gemäß Abb. 25 bestimmt werden.

Auf diese Weise läßt sich nicht nur Q genau genug und schnell ermitteln, sondern die Zahlentafel 10, sowie Abb. 25, verdeutlichen auch zugleich die Einflüsse der Grundgrößen H, k und R auf den Wasserandrang Q. Gegebenenfalls können leicht Grenzwerte für Q ermittelt werden, falls die genannten Grundgrößen nur innerhalb gewisser Grenzen abgeschätzt werden können.

Zahlentafel 10. Zusammenstellung der Werte $(H^2 - y^2)$.

y		4	4,5	5	5,5	6	6,5	7
y^2		16	20,25	25	30,25	36	42,25	49
H	H^2	$(H^2 - y^2)$						
5	25	9	4,75					
10	100	84	79,75	75	69,75	64	57,75	51
12,5	156,25	140,25	136	131,25	126	120,25	114	107,25
15	225	209	204,75	200	194,75	189	182,75	176
17,5	306,25	290,25	286	281,25	276	270,25	264	257,25
20	400	384	379,75	375	369,75	364	357,75	351
25	625	609	604,75	600	594,75	589	582,75	576
30	900	884	879,75	875	869,75	864	857,75	851
40	1600	1584	1579,75	1575	1569,75	1564	1557,75	1551
50	2500	2484	2479,75	2475	2469,75	2464	2457,75	2451

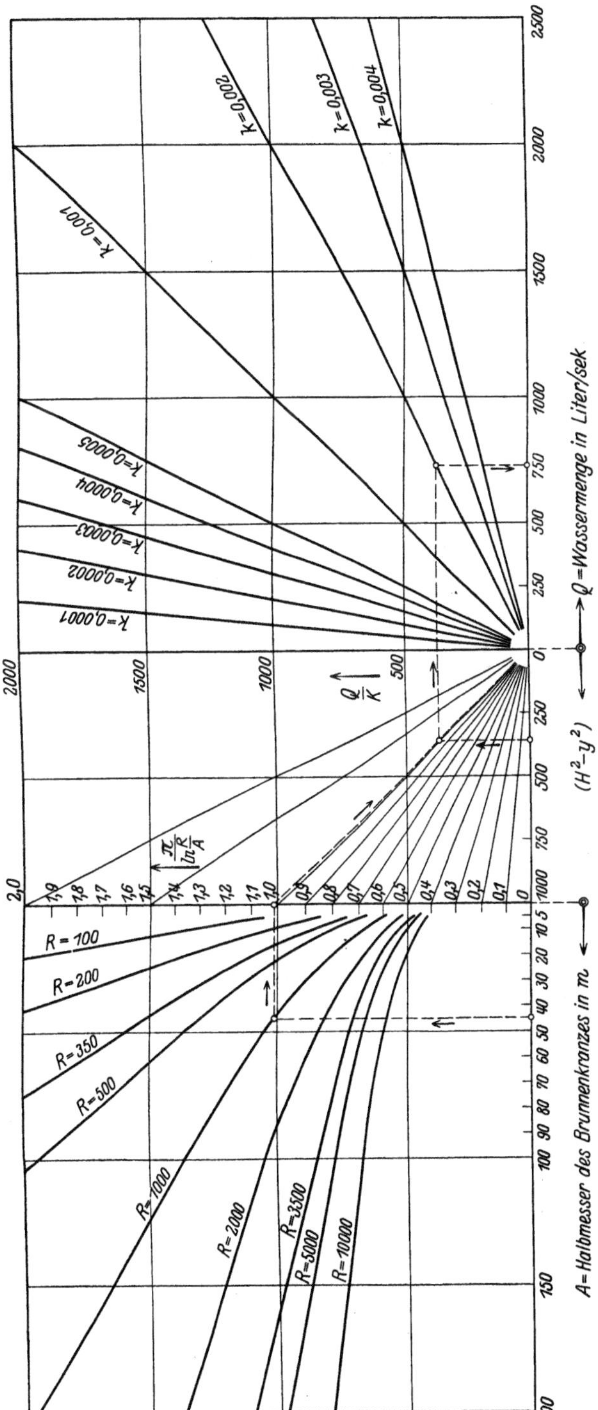

Abb. 25. Graphische Auswertung der Grundformel $H^2 - y^2 = \frac{Q}{\pi k} \ln \frac{R}{A}$.

Beispiel: $H = 20$ m, $y = 6{,}3$ m, $A = 45$ m, $R = 1000$ m, $H^2 - y^2 = 360$, $k = 0{,}002$, dafür $Q \cong 750$ l/sek.

D. Die Mehrbrunnenanlage und das Brunnenfassungsvermögen unter Berücksichtigung des Brunnenabstandes.

1. Der Einfluß des Brunnenabstandes auf das Gefälle am Brunnenaußenmantel. Soll das Fassungsvermögen jedes Brunnens möglichst voll ausgenützt werden, so müssen solche Brunnenabstände gewählt werden, daß sich um jeden Brunnen herum ein lokaler Absenkungstrichter ausbilden kann, dessen Spiegelgefälle am äußeren Brunnenmantel möglichst gleichmäßig sein und im Mittel den Wert i_0 erreichen muß.

Nach J. Schultze[1] beeinflussen sich zwei im Abstande a zusammenwirkende Rohrbrunnen derart, daß die jedem Brunnen zuströmende Wassermenge sich nicht gleichmäßig auf den Brunnenumfang verteilt und demzufolge das Eintrittsgefälle am Brunnen nicht konstant ist. Die auf den laufenden Zentimeter des Brunnenumfangs bezogene Sickermenge ist auf der dem Nachbarbrunnen abgewandten Seite am größten, auf der dem Nachbarbrunnen zugewandten Seite am kleinsten.

Zur Feststellung der Beeinflussung eines einzelnen Brunnens einer Mehrbrunnenanlage durch die übrigen Brunnen der Anlage wird der Einfluß untersucht, den jeder Brunnen für sich auf den fraglichen Brunnen ausübt.

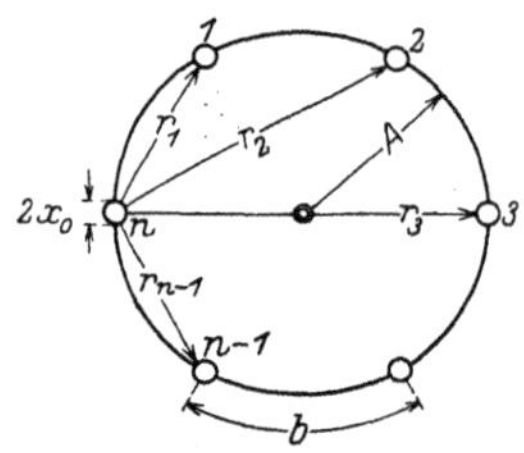

Abb. 26.

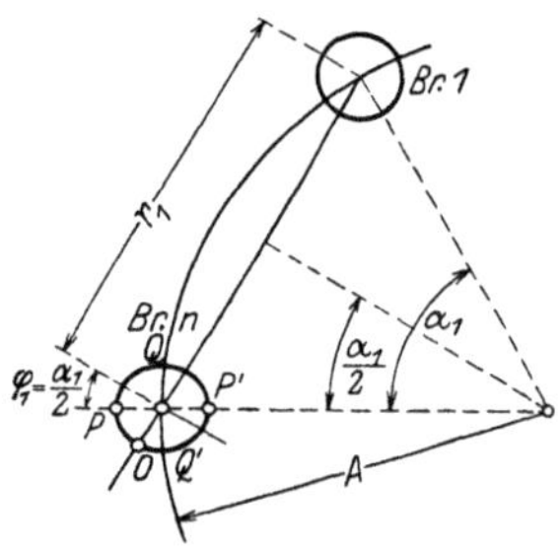

Abb. 27.

Es bezeichne gemäß Abb. **26**:

n die Anzahl aller Brunnen vom Halbmesser x_0;

b den Brunnenabstand, gemessen auf dem Grundrißkreis vom Halbmesser A;

q die jedem Brunnen sekundlich zufließende Wassermenge;

$Q = n \cdot q$ den gesamten, von allen Brunnen zusammen aufzunehmenden Wasserandrang.

$r_1, r_2, r_3, \ldots, r_{(n-1)}$ Die Abstände der einzelnen Brunnen vom zu untersuchenden Brunnen.

[1] Schultze, J.: Die Grundwasserabsenkung usw. S. 23ff.

Von der dem Brunnen 1 zuströmenden Menge q geht nach J. Schultze die Menge $\frac{2\,x_0\,q}{2\,r_1\,\pi}$ durch den Brunnen n hindurch. Bei Punkt 0 des Brunnenmantelkreises des Brunnens n (vgl. Abb. 27) tritt auf einen laufenden Zentimeter des Brunnenkreises als Einheit bezogen die größte Zusatzmenge $\frac{q}{2\,r_1\,\pi}$ in den Brunnen n ein. Im Punkte P beträgt die je laufenden Zentimeter des Brunnenkreises eintretende Zusatzmenge

$$\frac{q \sin \varphi_1}{2\,r_1\,\pi}.$$

Da

$$\varphi_1 = \frac{\alpha_1}{2} = 1\left(\frac{\pi}{n}\right)$$

und

$$r_1 = 2\,A \sin \frac{\alpha_1}{2} = 2\,A \sin 1\left(\frac{\pi}{n}\right),$$

so ist

$$\frac{q \sin \varphi_1}{2\,r_1\,\pi} = \frac{q}{4\,A\,\pi}. \tag{43_1}$$

Entsprechend gilt für die infolge Einwirkung der übrigen Brunnen im Punkte P des Brunnens n auftretenden Zusatzmengen:

$$\frac{q \sin \varphi_2}{2\,r_2\,\pi} = \frac{q}{4\,A\,\pi}, \tag{43_2}$$

$$\frac{q \sin \varphi_3}{2\,r_3\,\pi} = \frac{q}{4\,A\,\pi}, \tag{43_3}$$

$$\vdots$$

$$\frac{q \sin \varphi_{(n-1)}}{2\,r_{(n-1)}\,\pi} = \frac{q}{4\,A\,\pi}. \tag{$43_{(n-1)}$}$$

Insgesamt tritt also im Punkte P des Brunnens n die Zusatzmenge auf

$$\Delta q = \frac{(n-1)\,q}{4\,A\,\pi}. \tag{44}$$

Die Zusatzmenge hat im Punkte P ihren Höchstwert. Die auf den laufenden Zentimeter des Brunnenkreises entfallende Filtereintrittsfläche kann für den ganzen Brunnenumfang als konstant und gleich $y_0 \cdot 1$ eingeführt werden.

Das Spiegelgefälle hat im Punkt P seinen Höchstwert, den wir mit $i_{\max}$ bezeichnen. Aus

$$\frac{q}{2\,x_0\,\pi} + \frac{(n-1)\,q}{4\,A\,\pi} = y_0\,1\,i_{\max}\,k \tag{45}$$

ergibt sich

$$i_{\max} = \frac{\dfrac{q}{2\,x_0\,\pi} + \dfrac{(n-1)\,q}{4\,A\,\pi}}{y_0\,k}. \tag{46}$$

Die vorstehenden Betrachtungen beruhen auf vereinfachenden Annahmen. Wegen der Wichtigkeit, die das Gefälle am Brunnenmantel für die späteren Ausführungen hat, folge eine genauere Ableitung.

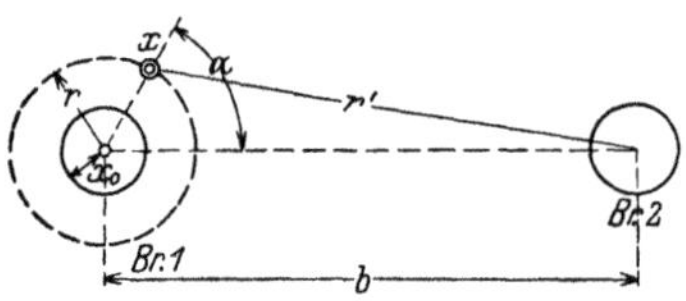

Abb. 28.

Von der allgemeinen Absenkungsgleichung für eine Mehrbrunnenanlage nach **Forchheimer** ausgehend, wird zunächst eine Zweibrunnenanlage betrachtet, deren Grundrißanordnung in Abb. 28 dargestellt ist.

Für Punkt x lautet die Grundgleichung mit den Bezeichnungen der Abb. 28, wenn die Höhenordinate von x mit z bezeichnet wird und q die sekundliche Entnahme je Brunnen bedeutet:

$$H^2 - z^2 = \frac{2q}{\pi k}(\ln R - \tfrac{1}{2}\ln r r') . \qquad (47)$$

Gemäß Abb. 28 ist

$$r' = \sqrt{r^2 + b^2 - 2br\cos\alpha} ,$$

und daher

$$z^2 = H^2 - \frac{2q}{\pi k}\cdot\left\{\ln R - \frac{1}{2}\left[\ln r + \frac{1}{2}\ln(r^2 + b^2 - 2br\cos\alpha)\right]\right\} . \qquad (48)$$

Die Differentiation ergibt:

$$2z\,dz = \frac{q}{\pi k}\left(\frac{1}{r} + \frac{1}{2}\,\frac{2r - 2b\cos\alpha}{r^2 + b^2 - 2br\cos\alpha}\right)dr , \qquad (49)$$

$$\frac{dz}{dr} = \frac{q}{2\pi k z}\left(\frac{1}{r} + \frac{r - b\cos\alpha}{r^2 + b^2 - 2br\cos\alpha}\right) . \qquad (49\,a)$$

Der Differentialquotient $\frac{dz}{dr}$ gibt das Spiegelgefälle im Punkt x an, und zwar in der durch Punkt x und die Brunnenachse des Brunnens 1 gedachten Ebene.

Für $r = x_0$ stellt $\frac{dz}{dr}$ das Gefälle i_{br} am Brunnenmantel dar:

$$i_{br} = \frac{dz}{dr} \quad (\text{für } r = x_0) . \qquad (50)$$

Da in der Praxis der Brunnenabstand im Verhältnis zum Brunnenhalbmesser groß ist, so können für praktische Aufgaben mit genügender Annäherung die Ordinaten z der Schnittkurve des abgesenkten Spiegels mit der Brunnenmantelfläche als konstant eingeführt werden.

Es gilt daher

$$z\,(\text{für } r = x_0) = y_0 , \qquad (51)$$

und es ergibt sich folgende Gleichung für das Gefälle am Brunnenmantel

$$i_{br} = \frac{q}{2 y_0 \pi k}\left[\frac{1}{x_0} + \frac{(x_0 - b\cos\alpha)}{(x_0^2 + b^2 - 2b x_0\cos\alpha)}\right] . \qquad (52)$$

Für die in der Praxis vorkommenden Werte b und x_0 kann x_0 ohne nennenswerten Fehler im zweiten Glied des Klammerausdruckes vernachlässigt werden und es ergibt sich

$$i_{br} = \frac{q}{2 x_0 \pi y_0 k}\left(1 - \frac{x_0 \cos\alpha}{b}\right). \tag{53}$$

Wird statt α der Winkel φ eingeführt, so wird

$$i_{br} = \frac{q}{2 x_0 \pi y_0 k}\left(1 + \frac{x_0 \sin\varphi}{b}\right). \tag{53a}$$

Für $\alpha = 180°$ bzw. $\varphi = 90°$ erhält man als größten Wert des Gefälles am Brunnenmantel

$$i_{\max} = \frac{q}{2 x_0 \pi y_0 k}\left(1 + \frac{x_0}{b}\right). \tag{54}$$

Dieser Wert entspricht dem sich gemäß J. Schultzes Betrachtungsweise ergebenden Wert für das Höchstgefälle[1].

Liegen beliebig viele Brunnen vor, deren Einfluß auf das Brunnenmantelgefälle eines einzelnen Brunnens zu berücksichtigen ist, so gilt für Punkte x der Spiegelfläche, die in der Nähe des Brunnenmantels des zu betrachtenden Brunnens liegen, gemäß Abb. 29

$$\left.\begin{aligned} i = \frac{dz}{dr} = \frac{q}{2\pi k z r}\Big[1 - \frac{r}{r_1}\cos(\alpha - \beta_1) - \frac{r}{r_2}\cos(\alpha - \beta_2) \\ - \cdots - \frac{r}{r_{(n-1)}}\cos(\alpha - \beta_{(n-1)})\Big]. \end{aligned}\right\} \tag{55}$$

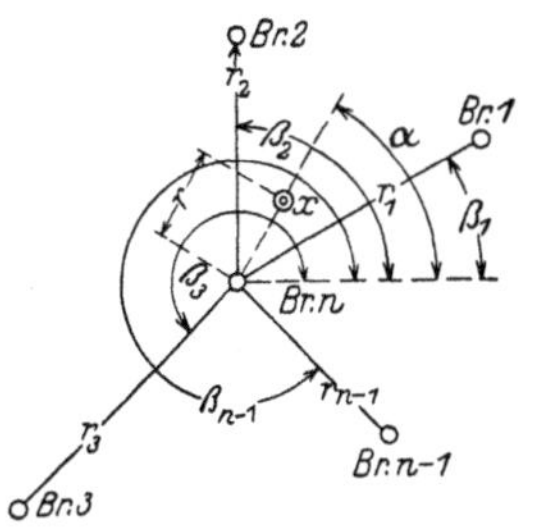

Abb. 29.

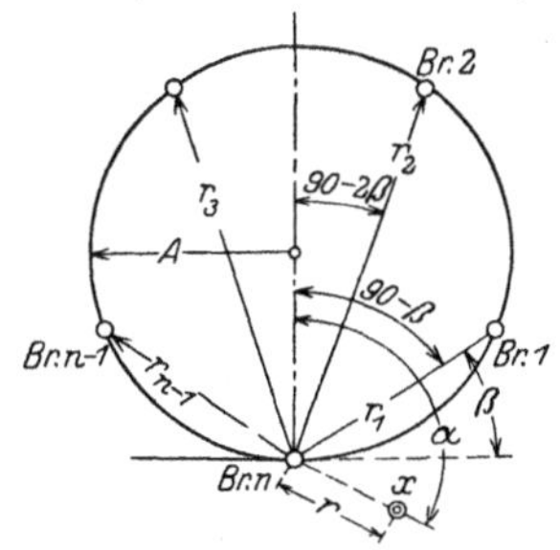

Abb. 30.

Liegen die Brunnen im Grundriß auf einem Kreis vom Durchmesser $2A$, so wird bei gleichen Brunnenabständen gemäß Abb. 30 für Punkt x:

$$\left.\begin{aligned} i = \frac{dz}{dr} = \frac{q}{2\pi r z k}\Bigg(1 - \frac{r\cos\left[\alpha - \left(\frac{\pi}{2} - \beta\right)\right]}{r_1} - \frac{r\cos\left[\alpha - \left(\frac{\pi}{2} - 2\beta\right)\right]}{r_2} \\ - \cdots - \frac{r\cos\left[\alpha - \left(\frac{\pi}{2} - (n-1)\beta\right)\right]}{r_{(n-1)}}\Bigg). \end{aligned}\right\} \tag{56}$$

[1] Vgl. J. Schultze: Die Grundwasserabsenkung usw. S. 33.

Mit

$$r_1 = 2\,A\cos\left(\frac{\pi}{2} - \beta\right) \tag{57_1}$$

$$r_2 = 2\,A\cos\left(\frac{\pi}{2} - 2\,\beta\right) \tag{57_2}$$

$$\vdots$$

$$r_{(n-1)} = 2\,A\cos\left(\frac{\pi}{2} - (n-1)\,\beta\right) \tag{$57_{(n-1)}$}$$

erhalten wir:

$$\left.\begin{aligned} i = \frac{dz}{dr} = \frac{q}{2\pi r z k}\Big\{1 - \frac{(n-1)\,r\cos\alpha}{2\,A} - \frac{r\sin\alpha}{2\,A}\Big[\operatorname{tg}\left(\frac{\pi}{2} - \frac{\pi}{n}\right) \\ + \operatorname{tg}\left(\frac{\pi}{2} - \frac{2\,\pi}{n}\right) + \ldots + \operatorname{tg}\left(\frac{\pi}{2} - \frac{(n-1)\,\pi}{n}\right)\Big]\Big\} \end{aligned}\right\} \tag{58}$$

Da gleiche Brunnenabstände vorausgesetzt sind, gilt bei ganzen Zahlen n für den Klammerwert

$$\left[\operatorname{tg}\left(\frac{\pi}{2} - \frac{\pi}{n}\right) + \operatorname{tg}\left(\frac{\pi}{2} - \frac{2\,\pi}{n}\right) + \cdots + \operatorname{tg}\left(\frac{\pi}{2} - \frac{(n-1)\,\pi}{n}\right)\right] = 0\,,$$

so daß

$$i = \frac{q}{2\pi r z k}\left(1 - \frac{(n-1)\,r\cos\alpha}{2\,A}\right) \tag{59}$$

wird.

Für das Gefälle am Brunnenmantel gilt:

$$i_{br} = \frac{q}{2\,x_0\,\pi\,y_0\,k}\left(1 - \frac{(n-1)\,x_0\cos\alpha}{2\,A}\right). \tag{60}$$

Bei der Ableitung war vorausgesetzt, daß jedem Brunnen die Menge q entnommen werde. Gleichung (60) muß daher der Bedingung genügen, daß die Summe der jedem Anteil $du\,y_0$ der Brunnenmantelfläche mit dem zugehörigen Gefälle i_{br} zuströmenden Wassermengen den Betrag q ergibt (vgl. Abb. 31).

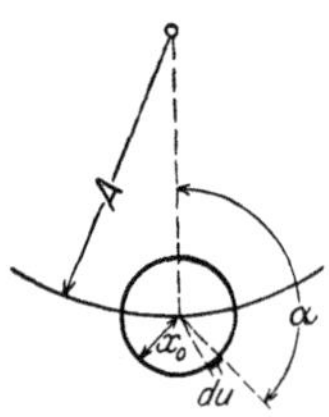

Abb. 31.

Es muß also die Gleichung erfüllt werden:

$$q = \int_0^{2\pi} du\,y_0\,k\,i_{br}\,. \tag{61}$$

Unter Berücksichtigung von Gleichung (60), und da $du = x_0\,d\alpha$, erhalten wir:

$$q = \int_0^{2\pi} k\,x_0\,y_0\,d\alpha\,\frac{q}{2\,x_0\,\pi\,y_0\,k}\left(1 - \frac{(n-1)\,x_0\cos\alpha}{2\,A}\right) \tag{61a}$$

und

$$q = \frac{q}{2\pi}\Big|_0^{2\pi}\left(\alpha - \frac{(n-1)\,x_0}{2\,A}\sin\alpha\right).$$

Unter Berücksichtigung der Grenzen wird

$$q = \frac{q}{2\pi}\,2\pi = q\,,$$

so daß tatsächlich die Bedingung

$$q = \int_0^{2\pi} du\, y_0 k\, i_{b\,r}$$

erfüllt ist.

Der Höchstwert $i_{\max}$ von $i_{b\,r}$ tritt für $\alpha = 2\pi$ ein:

$$i_{\max} = \frac{q}{2 x_0 \pi\, y_0 k}\left(1 + \frac{(n-1)\,x_0}{2A}\right) \tag{62}$$

$$i_{\max} = \frac{\dfrac{q}{2x_0\pi} + \dfrac{(n-1)\,q}{4A\,\pi}}{y_0 k}. \tag{62a}$$

Dieses Ergebnis entspricht demjenigen, das bereits früher auf Grund vereinfachender Annahmen erhalten wurde [vgl. Gleichung (46)].

Wird der Brunnenabstand b als Bogen des Brunnenkreises gemessen und

$$b = \lambda\, 2\, x_0\, \pi \tag{63}$$

gesetzt, so wird, weil

$$n\, b = 2 A\, \pi \tag{64}$$

ist:

$$4 A\, \pi = 4 n\, \lambda\, x_0\, \pi$$

und ferner

$$i_{\max} = \frac{\dfrac{q}{2x_0\pi} + \dfrac{(n-1)\,q}{4 n\,\lambda\, x_0 \pi}}{y_0 k}. \tag{62b}$$

Bezeichnet i_0 das Durchschnittsgefälle (mittleres Gefälle) am Brunnenmantel, so ist

$$q = 2\, x_0\, \pi\, y_0\, k\, i_0' \tag{65}$$

und

$$i_0' = \frac{q}{2\, x_0\, \pi\, y_0\, k}. \tag{65a}$$

Wir erhalten daher ferner:

$$i_{\max} = i_0' \frac{n\lambda + \dfrac{(n-1)}{2}}{n\lambda} \tag{62c}$$

und

$$\frac{i_0'}{i_{\max}} = \frac{1}{1 + \dfrac{1}{2\lambda} - \dfrac{1}{2n\lambda}}. \tag{62d}$$

Da

$$n\lambda = \frac{A}{x_0}, \tag{66}$$

so wird

$$\frac{i_0'}{i_{\max}} = \frac{1}{1 + \dfrac{1}{2\lambda} - \dfrac{x_0}{2A}}. \tag{67}$$

Der Bruch $\frac{i_0}{i_{\max}}$ stellt das Verhältnis des Durchschnittsgefälles am Brunnenmantel zu dem infolge Beeinflussung des einzelnen Brunnens durch alle übrigen Brunnen auftretenden Höchstwert des Gefälles am Brunnenmantel dar. Wird

$$\frac{i_0'}{i_{\max}} = \eta \tag{68}$$

gesetzt, so kommen folgende drei Fälle für die Untersuchung des Zusammenhanges von Brunnenabstand und Gefälle am Brunnenmantel bei Mehrbrunnenanlagen in Betracht:

1. $\eta = 1$;
2. $\eta < 1$ mit $i_{\max} = i_0$;
3. $\eta < 1$ mit $i_0' = i_0$.

1. $\eta = 1$, d. h. Durchschnittsgefälle und Höchstwert sollen gleich sein.

Für diesen Fall gilt also

$$i_0' = i_{\max}.$$

Es leuchtet nach den vorstehenden Überlegungen ein, daß das tatsächliche Gefälle am Brunnenmantel den Betrag des Durchschnittsgefälles weder unter- noch überschreitet, und also konstant ist. Dies gilt für den Fall, daß die gesamte Wasserentnahme aus einem Einzelbrunnen erfolgt. Für $i_0' = i_{\max}$ muß sich also ergeben

$$n = 1$$

und

$$b = 2A\pi.$$

Tatsächlich wird erhalten:

$$\frac{i_0'}{i_{\max}} = 1 = \frac{1}{1 + \frac{1}{2\lambda} - \frac{x_0}{2A}};$$

$$1 + \frac{1}{2\lambda} = 1 + \frac{x_0}{2A},$$

$$\lambda = \frac{A}{x_0}.$$

Da $b = \lambda 2 x_0 \pi$, so wird

$$b = 2A\pi.$$

Da ferner $nb = 2A\pi$, so wird $n = 1$.

Dieses Beispiel zeigt, daß die für Mehrbrunnenanlagen aufgestellte Beziehung

$$\frac{i_0'}{i_{\max}} = \frac{1}{1 + \frac{1}{2\lambda} - \frac{x_0}{2A}}$$

auch den Grenzfall des Einzelbrunnens mit umfaßt.

Ist die Brunnenzahl größer als eins, also $n > 1$, dann muß sich wegen der eintretenden Beeinflussung der Brunnen untereinander ergeben:

$$i_0' < i_{\max}$$

und daher

$$\eta < 1.$$

Geht man davon aus, daß der Höchstwert des Gefälles am Brunnenmantel $i_{\max}$ den Wert $i_0 = \frac{1}{15\sqrt{k}}$ nicht überschreiten soll, dann erhält man als weiteren Fall, der zu untersuchen ist:

2. $\eta < 1$, wobei $i_{\max} = i_0$ zu setzen ist.

Es gilt jetzt:

$$\frac{i_0'}{i_0} = \frac{1}{1 + \frac{1}{2\lambda} \frac{x_0}{2A}}. \tag{69}$$

Für praktische Werte x_0 und A kann $\frac{x_0}{2A}$ vernachlässigt werden und es wird

$$\frac{i_0'}{i_0} = \frac{1}{1 + \frac{1}{2\lambda}} = \frac{2\lambda}{2\lambda + 1}. \tag{69a}$$

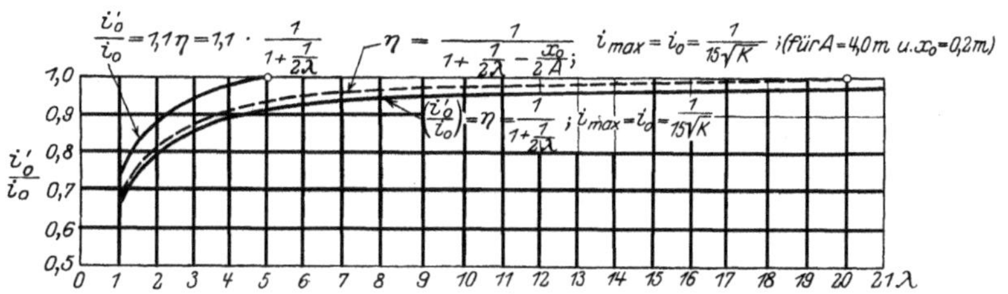

$$\lambda = \frac{b}{2x_0\pi}; \qquad \eta = \frac{i_0'}{i_{\max}}; \qquad \varphi = 2x_0 \cdot \pi \left[\frac{i_0'}{i_0}\right] i_0.$$

Abb. 32. Abhängigkeit des Brunnenfassungswertes vom Brunnenabstand bei Mehrbrunnenanlagen mit kreisförmiger Grundrißfläche und gleichen Brunnenabständen bei folgenden Annahmen:

1. $i_{\max} = 1{,}1\, i_0$, 2. $i_{\max} = i_0$ (vereinfachte Rechnung),
3. $i_{\max} = i_0$ (genaue Rechnung für ein Zahlenbeispiel).

In Abb. 32 sind die Werte $\eta = \frac{i_0'}{i_0}$ in Abhängigkeit von verschiedenen Werten λ aufgetragen. Der Wert $\eta = 1$ wird erst für $\lambda = \infty$ erreicht, was sich aus der Vernachlässigung von $\frac{x_0}{2A}$ erklärt. Im Bereiche der praktisch in Betracht kommenden Werte λ wirkt sich diese Vernachlässigung nach der sicheren Seite aus, indem man etwas zu kleine Werte für η, und damit auch i_0' zu klein erhält.

Nähert sich λ dem Nullwert, so müßten sich auch $\frac{x_0}{2A}$ und $\frac{i_0'}{i_0}$ dem Nullwert nähern. Praktisch kommen nur Werte $\lambda \geqq 1$ in Frage, so daß es genügt, den Verlauf der Kurven für Werte bis herab zu $\lambda = 1$ zu betrachten.

Zur Darstellung der Abweichungen, die durch Vernachlässigung von $\frac{x_0}{2A}$ bei einem bestimmten Zahlenbeispiel entstehen, ist die $\frac{i_0'}{i_0}$-Kurve für $A = 4{,}0$ m und $x_0 = 0{,}2$ m unter Berücksichtigung von

$$\frac{x_0}{2A} = \frac{0{,}2}{2 \cdot 4{,}0} = \frac{1}{40}$$

in Abb. 32 eingetragen worden.

In der Praxis wird man den Brunnenabstand so wählen, daß das Fassungsvermögen der Brunnen möglichst ausgenutzt werden kann. Man wird also b so wählen, daß $\frac{i_0'}{i_0}$ einen gewissen Mindestbetrag nicht unterschreitet. Wird als Bedingung zugrundegelegt, daß

$$i_{\max} = i_0 \leqq i_0' + 0{,}1\, i_0' ,$$

dann erhält man für den Grenzfall

$$\frac{i_0'}{i_0} = \frac{10}{11}. \tag{70}$$

Es wird

$$\frac{10}{11} = \frac{1}{1 + \frac{1}{2\lambda} - \frac{x_0}{2A}},$$

und hieraus folgt

$$\frac{1}{\lambda} = \frac{A + 5x_0}{5A}. \tag{71}$$

Wegen

$$\lambda = \frac{b}{2x_0\pi}$$

ergibt sich weiter

$$b = 5 \cdot 2x_0\pi \frac{A}{A + 5x_0}. \tag{72}$$

Geht man von dem Ansatz aus:

$$\frac{i_0'}{i_0} = \frac{n\lambda}{n\lambda + \frac{(n-1)}{2}},$$

so wird wegen

$$\frac{i_0'}{i_0} = \frac{10}{11} \quad \text{und} \quad \lambda = \frac{b}{2x_0\pi}:$$

$$\frac{10}{11} = \frac{\frac{nb}{2x_0\pi}}{\frac{nb}{2x_0\pi} + \frac{(n-1)}{2}}.$$

Hieraus folgt

$$b = 5 \cdot 2x_0\pi \frac{(n-1)}{n}. \tag{72a}$$

Vernachlässigt man bei der ersten Rechnung $\frac{x_0}{2A}$, bzw. setzt man bei der zweiten Rechnung statt $(n - 1)$ die Zahl n ein, so erhält man in beiden Fällen

$$b = 5 \cdot 2 x_0 \pi \tag{73}$$

und

$$\lambda = 5. \tag{74}$$

Wird dieser Wert bei praktischen Rechnungen zugrunde gelegt, so ist gemäß den gemachten Voraussetzungen zu beachten, daß als Durchschnittsgefälle

$$i_0' = \frac{10}{11} i_0 = \frac{1}{16{,}5\sqrt{k}} = \frac{0{,}0606}{\sqrt{k}}$$

einzuführen ist.

Die Rechnung mit einem solchen reduzierten Wert i_0' für das Durchschnittsgefälle bietet sicherlich größere Sicherheit, doch ist zu erwägen, ob es nicht gerechtfertigt ist, unter Berücksichtigung aller zugrunde gelegten Annahmen eine gewisse, nur für die Hälfte der benetzten Brunnenmantelfläche in Betracht kommende Überschreitung des früher gefundenen Wertes $i_0 = \frac{1}{15\sqrt{k}}$ zuzulassen. Eine solche Annahme erscheint um so mehr berechtigt, als die Beziehung $i_0 = \frac{1}{15\sqrt{k}}$ als Durchschnittswert des Eintrittsgefälles am Brunnenmantel auf Grund von Beobachtungen an ausgeführten Mehrbrunnenanlagen aufgestellt wurde.

Diese Überlegungen führen zum Fall

3. $\eta < 1$ mit $i_0' = i_0$.

Es wird jetzt $i_{\max} > i_0$. Wird als zulässig erachtet, daß $i_{\max}$ den Wert i_0 um 10% überschreitet, daß also $i_{\max} \leq 1{,}1\, i_0$ sein soll, dann errechnet sich der Wert b als Mindestbrunnenabstand aus

$$\frac{i_0}{i_{\max}} = \frac{10}{11} = \frac{1}{1 + \frac{1}{2\lambda} - \frac{x_0}{2A}}, \tag{70}$$

bzw.

$$\frac{10}{11} = \frac{n\lambda}{n\lambda + \frac{(n-1)}{2}}$$

zu

$$b = 5 \cdot 2 x_0 \pi \frac{A}{A + 5 x_0} \tag{72}$$

oder

$$b = 5 \cdot 2 x_0 \pi \frac{(n-1)}{n}. \tag{72a}$$

Unter den gleichen Vereinfachungen wie unter Fall 2 wird wiederum

$$b = 5 \cdot 2 x_0 \pi \tag{73}$$

$$\lambda = 5, \tag{74}$$

jedoch ist hier das Durchschnittsgefälle mit $i_0' = i_0 = \frac{1}{15\sqrt{k}}$ einzusetzen.

Dieses Ergebnis besagt, daß für alle Brunnenabstände $b \geqq 5 \cdot 2 x_0 \pi$ bzw. für alle Werte $\lambda \geqq 5$ das Fassungsvermögen der Brunnen voll ausgenutzt werden kann. Tatsächlich gehört zu jedem Wert λ ein anderer Wert $\eta = \frac{i_0'}{i_{\max}}$ bzw. entsprechend der dem Fall 3 zugrunde liegenden Voraussetzung $\eta = \frac{i_0'}{1,1\, i_0}$. Nur für $\lambda = 5$ gilt $i_0' = i_0$, während für alle Werte $\lambda > 5$ sich $i_0' > i_0$ ergibt. i_0' nähert sich mit wachsendem λ dem Wert $i_{\max} = 1,1\, i_0$. Für endliche Werte λ, wie sie praktisch allein in Frage kommen, bleibt die Differenz $i_{\max} - i_0'$ stets kleiner als $0,1\, i_0$ und ebenso $i_0' - i_0$ stets kleiner als $0,1\, i_0$. Die Rechnung bleibt also stets auf der sicheren Seite, wenn für alle Werte $\lambda \geqq 5$ mit einem Durchschnittsgefälle $i_0' = i_0 = \frac{1}{15\sqrt{k}}$ gerechnet wird.

Für sehr kleine Brunnenabstände, die bei Tiefsenkungen für Baugruben mit kleiner Grundrißfläche in Betracht kommen können, ist dagegen zu beachten, daß, sofern $\lambda < 5$ wird, $i_0' < i_0$ ist. Für Brunnenabstände $b < 5 \cdot 2 x_0 \pi$ kann also das Fassungsvermögen nicht voll ausgenutzt werden. Das Wasseraufnahmevermögen der Brunnen bzw. die Leistung der Brunnen läßt entsprechend der Änderung des Durchschnittsgefälles i_0' nach.

Wird als zulässig erachtet, daß auch für Werte $\lambda \leqq 5$ das Höchstgefälle $i_{\max}$ den Wert i_0 um 10% überschreitet, so kann i_0' aus der Gleichung

$$\frac{i_0'}{1,1\, i_0} = \frac{1}{1 + \frac{1}{2\lambda}} \tag{75}$$

errechnet werden.

Es wird

$$\frac{i_0'}{i_0} = 1,1 \cdot \frac{1}{1 + \frac{1}{2\lambda}} = \frac{2,2\lambda}{2\lambda + 1}. \tag{75a}$$

Auch diese Werte $\frac{i_0'}{i_0}$ sind für Werte $\lambda = 1$ bis 5 in Abb. 32 eingetragen, Wird $\lambda \leqq 5$ gewählt, dann kann das für die Errechnung der Brunnenleistung zugrunde zu legende Durchschnittsgefälle i_0' unmittelbar aus Gleichung (75a) zu

$$i_0' = \frac{1}{15\sqrt{k}} \cdot \frac{2,2\lambda}{2\lambda + 1} \tag{75b}$$

errechnet werden. Auf andere Weise erhält man i_0' unter Benutzung der zuletzt genannten graphischen Auftragung, wenn man das Verhältnis $\frac{i_0'}{i_0}$ zu dem in Betracht kommenden λ-Wert abgreift. Die Multiplikation mit $i_0 = \frac{1}{15\sqrt{k}}$ liefert gemäß $i_0' = \frac{i_0'}{i_0} \cdot i_0$ das gesuchte i_0'.

Den weiteren Betrachtungen wird der Fall 3 zugrunde gelegt. Es sei darauf hingewiesen, daß die später entwickelten Formeln auch für Fall 2 gelten und im allgemeinen auch dann, wenn das Glied $\frac{x_0}{2A}$ nicht vernachlässigt wird. Es ist nur erforderlich, jeweils das in die Rechnung einzuführende Durchschnittsgefälle entsprechend den gewählten Annahmen und dem Wert λ zu bestimmen.

Zur Erläuterung von Fall 3 diene noch nachfolgendes Beispiel. Bei kleinen Brunnenabständen ist die Ausnutzung des Brunnenfassungsvermögens nur durch eine sich mit kleiner werdendem Brunnenabstand b bzw. mit kleiner werdendem λ vergrößernde Erhöhung des Eintrittsgefälles auf der dem Systemkreis abgewandten Brunnenseite möglich. Diese Erhöhung findet, wie die Erfahrung bestätigt, praktisch ihre Grenze. Diese Erfahrung besagt, daß bei der Trockenlegung tiefer und enger Baugruben die Spiegelsenkung nur dann über eine bestimmte Grenze gesteigert werden kann, wenn nicht lediglich die Brunnenzahl vermehrt wird, also engere Brunnenabstände zur Anwendung gebracht werden, sondern wenn die Zusatzbrunnen weiter, vom Mittelpunkt der Baugrube gerechnet, nach außen geschoben werden, wenn also die Werte A und b vergrößert werden.

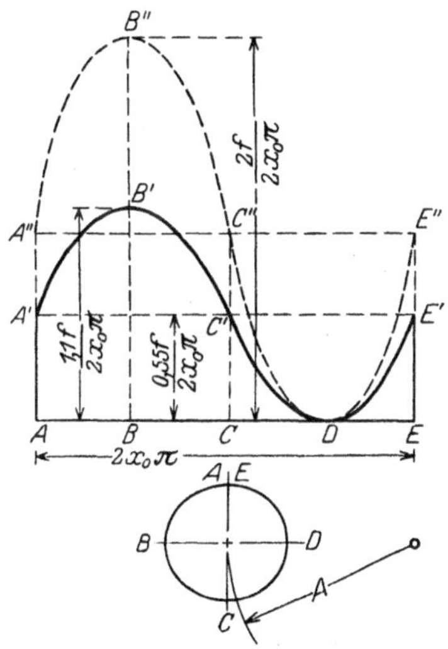

Abb. 33. Drosselung des Fassungsvermögens bei zu geringem Brunnenabstand, dargestellt durch Auftragung der auf den laufenden Zentimeter des abgewickelten Brunnenumfangs entfallenden Sickermenge.

Wird b beispielsweise zu $x_0 \pi$ angenommen und wie unter Fall 3 zugrunde gelegt wurde, $i_{\max} = 1{,}1\, i_0$ als möglich und zulässig erachtet, dann ergeben sich die folgenden in Abb. 33 zur Darstellung gebrachten Verhältnisse hinsichtlich der Verteilung der jedem laufenden Zentimeter des Brunnenmantelkreises zukommenden Sickermenge.

Bedeutet f das Fassungsvermögen für ein Durchschnittsgefälle am Brunnenmantel $i_0' = i_0 = \frac{1}{15\sqrt{k}}$, dann verteilt sich die auf den laufenden Zentimeter des Brunnenumfanges in der Abwicklung bezogene Sickermenge gemäß der Cosinuskurve $A''\ B''\ C''\ D\ E''$. Die Strecke BB'' stellt sich als Höchstwert dieser Einheitssickermenge auf

$$y_0 \cdot 1 \cdot i_{\max}\, k\,.$$

Nach Gleichung (62) ist

$$i_{\max} = \frac{q}{2x_0 \pi y_0 k}\left(1 + \frac{(n-1)x_0}{2A}\right).$$

Wegen $b = x_0 \pi$ ist

$$2A\pi = n x_0 \pi$$

$$2A = n x_0 .$$

Bei nicht zu kleinen Werten n kann daher angenähert

$$\frac{(n-1)x_0}{2A} = 1$$

gesetzt werden.

Es ergibt sich sodann

$$i_{\max} = \frac{q}{2x_0 \pi y_0 k} \cdot 2 .$$

Da der Wasserandrang je Brunnen gleich dem Fassungsvermögen sein soll, ist $q = f$ zu setzen und für den Höchstwert der Sickermenge in Punkt B ergibt sich daher $BB'' = \frac{2f}{2x_0\pi}$, während auf der gegenüberliegenden Seite des Brunnens im Punkt D die Sickermenge $DD'' = 0$ wird, da sich für Punkt D

$$i_{\min} = \frac{q}{2x_0 \pi y_0 k}(1-1)$$

ergibt. In der durch B gedachten Mantellinie würde also das Eintrittsgefälle $i_{\max} = 2i_0$ auftreten.

Da $i_{\max}$ den Wert $1{,}1\,i_0$ nicht überschreiten soll, muß eine derartige Anordnung und Anzahl der Brunnen gewählt werden, daß für $b = x_0\pi$ das Durchschnittsgefälle $i_0' = \frac{1}{2}\, i_{\max} \leqq \frac{1}{2} \cdot 1{,}1\, i_0$ wird. Entsprechend würde die Leistung des Brunnens im Höchstfalle nur den Wert $l = \frac{1}{2} \cdot 1{,}1 f = 0{,}55 f$ erreichen, die sich entsprechend der Kurve $A'\,B'\,C'\,D\,E'$ auf den abgewickelt gedachten Brunnenmantel verteilen würde. Bei einem Brunnenabstand von $b = x_0\pi$ kann also das Fassungsvermögen nur zu 55% ausgenutzt werden.

2. Ableitung der Absenkungsgleichungen für den Fall kreisförmiger Brunnenanordnung.

Für beliebige große Brunnenabstände

$$b = \lambda\, 2x_0 \pi$$

besteht für das Fassungsvermögen eines einzelnen Brunnens die Gleichung

$$\frac{F}{n} = f = 2x_0 \pi y_0 i_0' k . \tag{76}$$

Hierbei bedeutet i_0' das mittlere Gefälle am Brunnenmantel, das nicht überschritten werden darf. Die Abhängigkeit dieses Wertes i_0' und damit des Fassungsvermögens f des einzelnen Brunnens vom Brunnenabstand ist unter Zugrundelegung des im Abschnitt II, D, 1 behandelten Falles 3 durch Gleichung (75b)

$$i_0' = \frac{1}{15\sqrt{k}} \frac{2,2\,\lambda}{2\,\lambda + 1}$$

gegeben, wenn $\lambda \leqq 5$ ist. Für $\lambda \geqq 5$ gilt

$$i_0' = i_0 = \frac{1}{15\sqrt{k}}\,.$$

Zur rechnerischen Verfolgung der Spiegelsenkung stehen folgende 6 Bedingungsgleichungen zur Verfügung:

Gleichung (63): $b = \lambda\, 2\, x_0\, \pi$

Gleichung (64a): $n = \frac{2\,A\,\pi}{b}$

Gleichung (76): $\frac{F}{n} = f = 2\,x_0\,\pi\,y_0\,i_0'\,k$

Gleichung (27): $Q = F$

Gleichung (26): $H^2 - y^2 = \frac{Q}{\pi\,k}(\ln R - \ln A)$

Gleichung (25c): $H^2 - y_0^2 = \frac{Q}{\pi\,k}\left(\ln R - \ln A + \frac{1}{\mathrm{n}}\ln\frac{A}{n\,x_0}\right).$

Unter Berücksichtigung von Gleichung (63), (64a) und (76) erhält man (27) in der Form:

$$Q = \frac{2\,A\,\pi\,y_0\,i_0'\,k}{\lambda}\,. \tag{77}$$

Aus Gleichung (63) und (64a) folgt

$$\frac{A}{n\,x_0} = \lambda\,. \tag{78}$$

Die Vereinigung von Gleichung (25c) und (78) liefert:

$$H^2 - y_0^2 = \frac{Q}{\pi\,k}\left(\ln R - \ln A + \frac{1}{\mathrm{n}}\ln\lambda\right). \tag{79}$$

Aus (26) und (79) ergibt sich weiter

$$y^2 - y_0^2 = \frac{Q}{n\,\pi\,k}\ln\lambda\,. \tag{80}$$

Wird Q aus (77) in (80) eingesetzt, so folgt

$$y^2 - y_0^2 = 2\,y_0\frac{A\,i_0'}{n\,\lambda}\ln\lambda\,, \tag{81}$$

und da $\frac{A}{n\,\lambda} = x_0$ [aus Gleichung (78)] ist, so wird

$$y^2 - y_0^2 = 2\,y_0\,i_0'\,x_0\ln\lambda\,. \tag{82}$$

Die Auflösung von (82) nach y_0 liefert:

$$y_0 = \sqrt{y^2 + (i_0'\,x_0\ln\lambda)^2} - i_0'\,x_0\ln\lambda\,. \tag{82a}$$

Unter Berücksichtigung von (77) geht (26) über in:

$$H^2 - y^2 = \frac{2A\,i_0'}{\lambda}\,y_0\,(\ln R - \ln A)\,. \tag{83}$$

Schließlich wird, wenn y_0 aus (82a) in (83) eingesetzt wird, als erweiterte Absenkungsgleichung unter Berücksichtigung des Einflusses des Brunnenabstandes auf das Fassungsvermögen erhalten:

$$H^2 - y^2 = \frac{2A\,i_0'}{\lambda}\left(\sqrt{y^2 + (i_0'\,x_0 \ln\lambda)^2} - i_0'\,x_0 \ln\lambda\right)(\ln R - \ln A)\,. \tag{84}$$

Für größere Brunnenabstände, d. h. wenn $b \geqq 5 \cdot 2x_0\pi$ bzw. $\lambda \geqq 5$ ist, darf $i_0' = i_0 = \frac{1}{15\sqrt{k}}$ gesetzt werden, und Gleichung (84) geht sodann, wenn noch für λ gemäß Gleichung (78) $\frac{A}{n\,x_0}$ geschrieben wird, in Gleichung (39) über.

Aus Gleichung (84) lassen sich, wie nachfolgend gezeigt wird, wichtige Schlüsse ziehen, die besonders für Tiefsenkungen von Bedeutung sind.

III. Auswertung der erweiterten Absenkungsgleichungen an Hand von Zahlenbeispielen, unter besonderer Berücksichtigung größerer Absenkungstiefen.

A. Der Einfluß des Brunnenfassungsvermögens auf die erreichbare Spiegelsenkung.

Je enger die Brunnen zusammenrücken, desto geringer wird die auf die nach dem Innern des Systemkreises vom Halbmesser A zu gelegene Brunnenmantelfläche entfallende Sickermenge, bis schließlich, wenn die Brunnen dicht an dicht stehen, die gesamte zuströmende Wassermenge nur auf der Außenfläche eintritt.

Hieraus folgt, daß, falls die Brunnenzahl zur Aufnahme der zudringenden Wassermenge Q soweit vermehrt werden müßte, daß der Grenzwert für den Brunnenabstand $b = 5 \cdot 2x_0\pi$ unterschritten würde, eine Vergrößerung von A angezeigt ist und notwendig wird, sofern die Bedingung gestellt wird, daß das Brunnenfassungsvermögen voll ausgenutzt werden soll.

Unter dieser Bedingung gibt es für jeden Wert A bei sonst gleichen Grundlagen einen Grenzwert der Absenkung, der nicht überschritten werden kann.

Wird diejenige Absenkungstiefe, bezogen auf den Mittelpunkt des Brunnensystemkreises, die jeweils bei einem gegebenen Wert A unter Ausnutzung des Brunnenfassungsvermögens erreicht werden kann, mit s bezeichnet, so gilt

$$s = H - y\,. \tag{85}$$

Aus Gleichung (84) folgt

$$H = \sqrt{y^2 + \frac{2\,A\,i_0'}{\lambda}\left[\sqrt{y^2 + (i_0' x_0 \ln \lambda)^2} - i_0' x_0 \ln \lambda\right] \ln \frac{R}{A}} \qquad (84\,\mathrm{a})$$

und

$$s = \sqrt{y^2 + \frac{2\,A\,i_0'}{\lambda}\left[\sqrt{y^2 + (i_0' x_0 \ln \lambda)^2} - i_0' x_0 \ln \lambda\right] \ln \frac{R}{A}} - y. \qquad (86)$$

Soll das Brunnenfassungsvermögen voll ausgenutzt werden, also $i_0' = i_0 = \frac{1}{15\sqrt{k}}$ gelten, so muß $\lambda \geqq 5$ sein. Für den Grenzfall $\lambda = 5$ lehrt Gleichung (86), daß bei konstantem y eine bestimmte Absenkung s nur durch entsprechende Wahl von A erreicht werden kann. Ferner zeigt sich, daß, falls ein bestimmtes A zugrunde gelegt wird, eine bestimmte Absenkung s nur durch entsprechende Wahl von y erreicht werden kann.

Zahlenbeispiel. Für $x_0 = 0{,}1$ m und $\lambda = 5$ sind die Absenkungstiefen s bei $y = 5$ bzw. 10 bzw. 15 m gemäß Gleichung (86) errechnet und in Zahlentafel 11 zusammengestellt worden, wobei der Reihe nach folgende Werte k und R zugrunde gelegt wurden:

$$k = 0{,}0001 \quad 0{,}0003 \quad 0{,}001 \quad 0{,}003 \quad 0{,}01 \text{ m/sek}$$
$$R = 600 \quad 1000 \quad 1900 \quad 3300 \quad 6000 \text{ m}.$$

Zahlentafel 11. Zusammenstellung der größten Absenkungstiefen s für verschiedene Werte A und k unter Berücksichtigung des Mindestbrunnenabstandes $b = \lambda\, 2\, x_0\, \pi$ für $x_0 = 0{,}10$ m und $\lambda = 5$.

I $y = 5{,}0$ m, II $y = 10{,}0$ m, III $y = 15{,}0$ m.

k		0,0001	0,0003	0,001	0,003	0,01
i_0		6,67	3,85	2,11	1,22	0,667
R		600	1000	1900	3300	6000
	A	s				
I $y = 5$,	2	7,15	5,45	3,90	2,73	1,77
	5	11,80	9,30	6,90	5,05	3,44
	10	16,55	13,35	10,20	7,66	5,40
	20	22,50	18,60	14,55	11,25	8,19
	30	26,55	22,20	17,65	13,85	10,25
	40	29,55	24,95	20,15	15,95	11,90
II $y = 10{,}0$	2	9,35	6,70	4,55	3,10	1,93
	5	15,95	12,00	8,50	6,00	3,87
	10	22,90	17,65	12,95	9,40	6,38
	20	31,60	25,10	19,00	14,25	10,00
	30	37,60	30,30	23,20	17,85	12,75
	40	41,90	34,25	26,90	20,75	15,00
III $y = 15{,}0$	2	10,47	7,35	4,85	3,20	2,00
	5	18,40	13,50	9,30	6,45	4,10
	10	26,80	20,30	14,55	10,35	6,85
	20	37,50	29,25	21,80	16,00	11,00
	30	44,90	35,60	26,90	20,30	14,25
	40	50,25	40,50	31,20	23,75	16,95

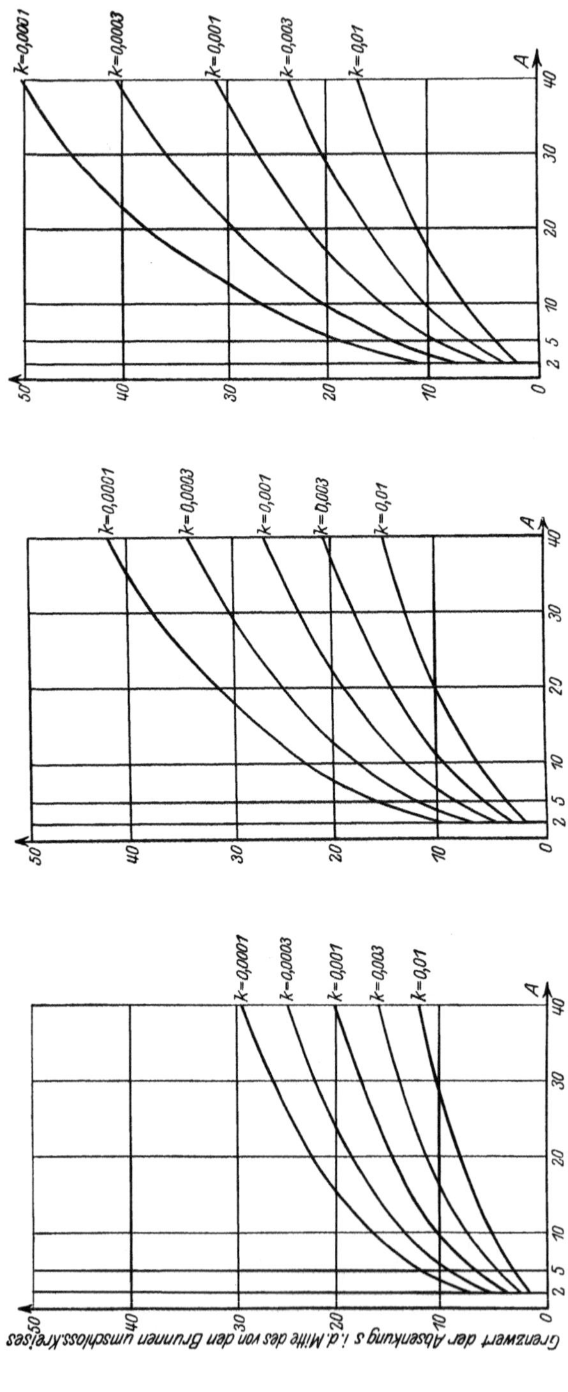

I. $y = 5{,}0$ m.

II. $y = 10{,}0$ m.

III. $y = 15{,}0$ m.

Abb. 34. Tiefste Absenkung s in der Mitte des Brunnenkreises bei voller Ausnutzung des Fassungsvermögens in Abhängigkeit vom Halbmesser A des Brunnenkreises für verschiedene k-Werte; $x_0 = 0{,}1$ m; $\lambda = 5{,}00$.

In Abb. 34 sind die Ergebnisse graphisch zur Darstellung gebracht. Die Werte A sind als Abszissen und die Werte s als Ordinaten aufgetragen worden, wobei die Endpunkte der Ordinaten gleicher k-Werte durch Linienzüge verbunden wurden. Die Werte s für dazwischen liegende k-Werte ergeben sich angenähert, jedoch für Vorberechnungen genau genug, durch Dazwischenschalten. Für jeden der drei der Rechnung zugrunde gelegten Werte von y (5,0; 10,0; 15,0 m) wurde eine besondere Darstellung gewählt.

B. Der Einfluß des Brunnenfassungsvermögens auf die Größe des Wasserandrangs, den die Absenkungsanlage aufzunehmen imstande ist.

Aus den Entwicklungen in Abschnitt II, D, 2 geht hervor, daß jedem Wert A, sofern ein bestimmter Wert y zugrunde gelegt wird, ein bestimmtes Fassungsvermögen der Gesamtanlage zukommt, das, abgesehen von der Größe $i_0' = i_0$, von λ abhängig ist. Es kann daher jeweilig nur derjenige Wasserandrang aufgenommen werden, der jenen Wert des Fassungsvermögens nicht überschreitet.

Ohne Rücksicht auf das Fassungsvermögen ist der Wasserandrang Q gemäß Gleichung (26) bestimmt zu

$$Q = \frac{(H^2 - y^2)\pi k}{\ln R - \ln A}. \tag{26b}$$

Wegen $H = s + y$ ist

$$Q = \frac{s(s + 2y)\pi k}{\ln R - \ln A}. \tag{26c}$$

Werden für einen gegebenen k-Wert die Werte A als Abszissen und für verschiedene Werte s die zugehörigen Werte Q als Ordinaten aufgetragen, so geben die Verbindungslinien der zu jedem Wert s gehörigen Ordinaten die Abhängigkeit des Wasserandranges Q vom Halbmesser A bei gleicher Absenkung an. Die Gültigkeit dieser Kurven ist jedoch durch das Fassungsvermögen begrenzt.

Wächst entsprechend der Vergrößerung der Absenkung der Wasserandrang so weit, daß das Brunnenfassungsvermögen voll ausgenutzt ist, so gilt Gleichung (84):

$$H^2 - y^2 = \frac{2A\,i_0'}{\lambda}\left[\sqrt{y^2 + (i_0' x_0 \ln\lambda)^2} - i_0' x_0 \ln\lambda\right](\ln R - \ln A).$$

Wird dieser Wert $(H^2 - y^2)$ in Gleichung (26b) eingesetzt, so nimmt Q den für die gewählte Anordnung der Absenkungsanlage in Betracht kommenden Höchstwert an, der mit $Q_{\max}$ bezeichnet werden möge. Eine weitere Vergrößerung von Q über $Q_{\max}$ hinaus würde eine Überschreitung des Brunnenfassungsvermögens zur Folge haben.

Für $Q = F$ folgt demnach gemäß Gleichung (84) und (26b):

$$Q_{\max} = \frac{2\,A\,i_0'}{\lambda}\left[\sqrt{y^2 + (i_0' x_0 \ln\lambda)^2} - i_0' x_0 \ln\lambda\right]\pi k\,. \tag{87}$$

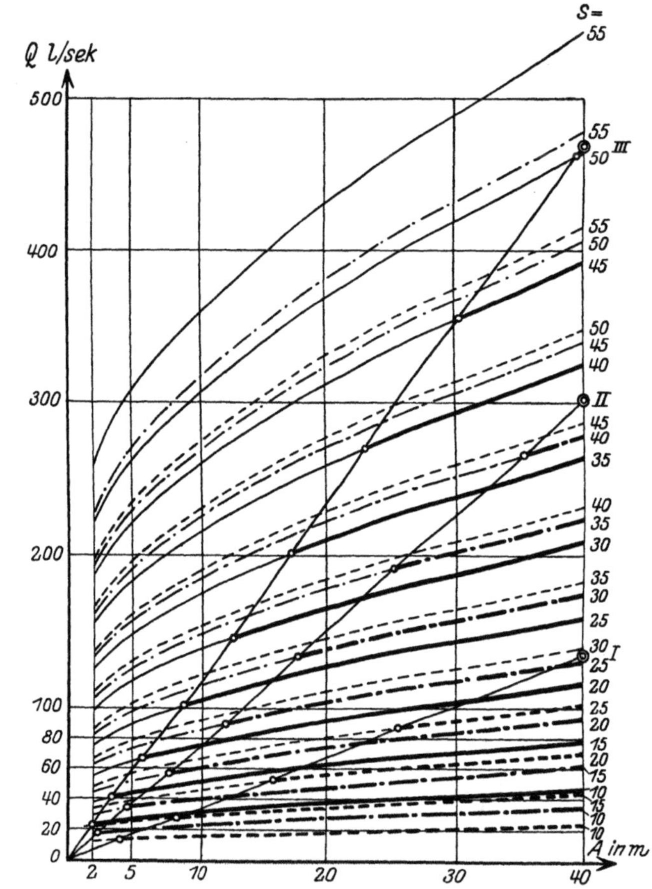

Abb. 35. Abhängigkeit des von der Absenkungsanlage aufzunehmenden Wasserandranges Q von der Absenkungstiefe s, dem Halbmesser des Brunnenkreises und dem Wasserstand y in der Mitte des Brunnenkreises über den Brunnensohlen.

$k = 0{,}0001$; $x_0 = 0{,}1$; $R = 600$; $\lambda = 5{,}00$.

····· $y = 5{,}0$ m, -·-·- $y = 10{,}0$ m, ——— $y = 15{,}0$ m.

Gleichung (87) besagt, daß bei gegebenen Werten A, x_0 und y der zugehörige Höchstwert $Q_{\max}$ des Wasserandranges durch i_0' und λ bestimmt wird. Bei völliger Ausnutzung des Fassungsvermögens, d. h. für $i_0' = i_0 = \frac{1}{15\sqrt{k}}$, wird $Q_{\max}$ am größten, wenn für λ der kleinste mögliche Wert mit $\lambda = 5$ gewählt wird.

Zahlentafel 12. Zusammenstellung der Werte für den Wasserandrang Q, der in Abhängigkeit von der Absenkungstiefe und dem Halbmesser A des Brunnenkreises bei verschiedenen Werten y von der Absenkungsanlage aufzunehmen ist (ohne Berücksichtigung des Fassungsvermögens).

$x_0 = 0{,}1$ m; $k = 0{,}0001$ m/sek; $R = 600$ m; $\lambda = 5$.

s	$s(s+2y)$ für $y=$			2	5	10	20	30	40	A
	5,0	10,0	15,0	5,7	4,78	4,09	3,4	3,0	2,705	$\ln\frac{R}{A}$
m	m²			Q l/sek						$y=$
	200			11,0	13,13	15,45	18,5	20,9	23,2	5
10		300		16,5	19,7	23	27,7	31,4	34,8	10
			400	22,0	25,25	30,7	37	41,8	46,4	15
	375			20,7	24,6	38,8	34,6	39,2	43,5	5
15		525		28,95	34,4	40,3	47,5	54,9	61	10
			675	37,2	44,2	51,8	62,3	70,5	78,4	15
	600			33,1	39,4	46	55,4	62,7	69,6	5
20		800		44,1	52,5	61,5	73,8	83,6	92,8	10
			1000	55,2	65,7	76,7	92,4	104,5	116	15
	875			48,3	57,5	67,2	80,8	91,5	101,5	5
25		1125		62	73,9	86,4	104	117,5	130,7	10
			1375	75,8	90,4	105,7	127	143,7	159,5	15
	1200			66,2	78,8	92,1	110,8	125,4	139,2	5
30		1500		82,7	98,5	115	138,5	156,9	174	10
			1800	99,3	118,2	138,2	165,3	188	209	15
	1575			86,8	103,4	121	145,5	164,5	182,7	5
35		1925		106	126,5	148	178	201,5	223,5	10
			2275	125,3	149,3	174,5	210	237,7	264	15
	2000			110,3	131,5	153,5	184,5	208,8	232	5
40		2400		132,4	157,8	184	222	251	278,5	10
			2800	154,5	184	215	258,5	293	325	15
	2475			136,5	162,5	190	228	258,5	287	5
45		2925		161,4	192,3	224,5	270	306	340	10
			3375	186	221,5	258,5	312	353	392	15
	3000			165,5	197	230	277	313,5	348	5
50		3500		193	230	268,5	323	366	406	10
			4000	220,5	263	307	369	418	464	15
	3375			197	235	274	330	473,5	415	5
55		4125		227,5	271	317	381	431	478	10
			4675	258	307	359	432	488	543	15

Wird zu jedem Wert A noch der zugehörige Wert $Q_{\max}$ als Ordinate eingetragen (vgl. Abb. 35), so bestimmen die Endpunkte dieser Ordinaten die Gültigkeitskurve dergestalt, daß die bezeichneten allgemeinen Q-Linien nur in den Zweigen in Betracht kommen, die rechts vom Schnittpunkt jeder Q-Linie mit der Q_{max}-Linie liegen. Die zeichnerische Darstellung der Q_{max}-Linie vereinfacht sich dadurch, daß für gleichbleibende Werte y unter Zugrundelegung von $i_0 = \frac{1}{15\sqrt{k}}$ und $\lambda = 5$ die durch Gleichung (87) dargestellte Beziehung zwischen Q_{max} und A geradlinig ist.

Zahlenbeispiel. Für folgende Grundlagen:

$x_0 = 0{,}10$ m,
$k = 0{,}0001$ m/sek,
$R = 600$ m,
$\lambda = 5$,
$y = 5{,}0$ bzw. $10{,}0$ und $15{,}0$ m

sind die Werte Q, zunächst ohne Berücksichtigung des Fassungsvermögens, errechnet und in Zahlentafel 12 zusammengestellt worden, wobei der Reihe nach

$$A = 2;\ 5;\ 10;\ 20;\ 30 \text{ und } 40 \text{ m}$$

und

$$s = 10;\ 15;\ 20;\ 25;\ 30;\ 35;\ 40;\ 45;\ 50 \text{ und } 55 \text{ m}$$

gewählt wurden.

In Abb. 35 sind die Werte Q graphisch als Ordinaten zu den Werten A aufgetragen und die Q-Kurven eingezeichnet worden.

Die Gültigkeitsgrenzen sind gemäß Gleichung (87) durch die drei Geraden bestimmt:

$$\text{I: } Q_{max} = A \cdot 0{,}003385 \cdot 1000 \text{ l/sek für } y = 5{,}0 \text{ m};$$
$$\text{II: } Q_{max} = A \cdot 0{,}00755 \cdot 1000 \text{ l/sek für } y = 10{,}0 \text{ m};$$
$$\text{III: } Q_{max} = \text{A} \cdot 0{,}01171 \cdot 1000 \text{ l/sek für } y = 15{,}0 \text{ m}.$$

Die entsprechenden Geraden 0 I, 0 II und 0 III sind in Abb. 35 eingetragen worden, wo sie von den Q-Kurven die innerhalb der durch das Fassungsvermögen gezogenen Grenzen liegenden Abschnitte abschneiden. Diese sind für $y = 5{,}0$ m durch eine gestrichelte, für $y = 10{,}0$ m durch eine strichpunktierte und für $y = 15{,}0$ m durch eine ausgezogene Linie dargestellt worden.

Auf ähnliche Weise kann für jeden Wert k die Abhängigkeit des von einer Absenkungsanlage aufzunehmenden Wasserandranges von der Absenkungstiefe, dem Halbmesser des Brunnenkreises und von y dargestellt werden.

C. Die günstigste Eintauchtiefe der Absenkungsbrunnen bei gegebenem Halbmesser A in Abhängigkeit vom Brunnenfassungsvermögen.

Das letzte Beispiel zeigt, daß der Wasserandrang, der zur Erzielung einer bestimmten Absenkung aufzunehmen ist, um so kleiner ist, je kleiner y ist. Dies folgt auch aus Gleichung (26c). Je kleiner y für eine bestimmte Absenkung gewählt wird, desto größer wird A. Da indessen

A in der Praxis häufig nicht beliebig groß gewählt werden kann, insbesondere auch, weil bei zu großem A die benötigte Filterfläche zahlreiche Brunnen erfordert, kann gewöhnlich auch y und damit die Eintauchtiefe y_0 der Brunnen nicht beliebig festgesetzt werden. Derjenige Wert $y = y_m$, der für ein gegebenes A den geringsten Wasserandrang bei völliger Ausnutzung des Brunnenfassungsvermögens erfordert, ist gegeben, wenn die Q_{max}-Linie die zugehörige Q-Kurve auf der im Abstand A vom Koordinatennullpunkt gezogenen Lotrechten schneidet.

Man findet diesen Wert für y aus den Gleichungen (26c) und (87), indem man $Q_{max} = Q$ setzt:

$$\frac{(s^2 + 2sy)\pi k}{\ln \frac{R}{A}} = \frac{2A\,i_0'}{\lambda}\left[\sqrt{y^2 + (i_0' x_0 \ln\lambda)^2} - i_0' x_0 \ln\lambda\right]\pi k\,. \tag{88}$$

Es folgt weiter:

$$\left(\frac{\lambda}{2A\,i_0' \ln \frac{R}{A}}\right)(s^2 + 2sy) + i_0' x_0 \ln\lambda = \sqrt{y^2 + (i_0' x_0 \ln\lambda)^2}\,. \tag{88a}$$

Mit

$$\frac{\lambda}{2A\,i_0' \ln \frac{R}{A}} = U \tag{89}$$

und

$$i_0' x_0 \ln\lambda = V \tag{90}$$

wird erhalten:

$$U^2(s^4 + 4s^3 y + 4s^2 y^2) + UV(2s^2 + 4sy) = y^2\,. \tag{91}$$

Die Auflösung nach y ergibt:

$$y = y_m = \frac{2U^2 s^3 + 2UVs}{1 - 4U^2 s^2} + \sqrt{\frac{U^2 s^4 + UV2s^2}{1 - 4U^2 s^2} + \left(\frac{2U^2 s^3 + 2UVs}{1 - 4U^2 s^2}\right)^2}\,. \tag{91a}$$

Zahlenbeispiel. Gegeben:

$$k = 0{,}0001 \text{ m/sek}$$
$$R = 600 \text{ m}$$
$$i_0 = \frac{1}{15\sqrt{k}} = 6{,}67$$
$$\lambda = 5;\ \ln\lambda = 1{,}61$$
$$x_0 = 0{,}1 \text{ m}$$
$$A = 20 \text{ m}$$
$$s = 35 \text{ m.}$$

Gesucht:

Die günstigste Eintauchtiefe der Brunnen y_m, gerechnet von der gewünschten Lage des abgesenkten Grundwasserspiegels im Mittelpunkt des Brunnenkreises.

Die Ausrechnung liefert folgende Werte:

$$U = 0{,}00552$$

$$V = 1{,}072$$

und nach Einsetzen dieser Zahlenwerte in Gleichung (91a)

$$y_m = 3{,}56 + \sqrt{70{,}7 + 3{,}56^2}$$

$$y_m = 12{,}69 \text{ m}.$$

Wird dieser Wert $y_m = y$ zur Probe in Gleichung (87) eingesetzt, so ergibt sich

$$Q_{\max} = 0{,}195 \text{ m}^3/\text{sek}.$$

Das gleiche Ergebnis muß Gleichung (26c) mit $y = y_m = 12{,}69$ m liefern.

Tatsächlich wird aus Gleichung (26c) erhalten:

$$Q = Q_{\max} = 0{,}195 \text{ m}^3/\text{sek}.$$

Unter den vorausgesetzten Bedingungen würde also die gewünschte Absenkung von $s = 35$ m bei $A = 20$ m bei dem denkbar geringsten Wasserandrang von $Q = Q_{\max} = 0{,}195$ m³/sek erreicht werden können, wenn $y = y_m = 12{,}69$ m, bzw. $H = s + y = 35 + 12{,}69 = 47{,}69$ m gewählt wird, und zwar würde hierbei das Fassungsvermögen aller Brunnen voll ausgenutzt werden.

Wird $y < y_m = 12{,}69$ m gewählt, so vermindert sich zwar der Wasserandrang Q, jedoch gleichzeitig auch — und zwar in stärkerem Maße — das Fassungsvermögen der Brunnen, so daß die Brunnen nicht mehr imstande sind, den Wasserandrang Q ordnungsgemäß aufzunehmen. Die Absenkung $s = 35$ m würde demgemäß nicht erreicht werden können.

Wird $y > y_m = 12{,}69$ gewählt, so erhöht sich Q und ebenso das Fassungsvermögen der Brunnen, letzteres in stärkerem Maße als Q. Die gewünschte Absenkung $s = 35$ m könnte zwar ohne weiteres auch in diesem Falle erreicht werden, jedoch ist der Wasserandrang größer und ferner wird das zur Verfügung stehende Fassungsvermögen nicht ausgenutzt.

D. Beziehungen zwischen dem Halbmesser A des Brunnenkreises und der Eintauchtiefe der Brunnen sowie dem Wasserandrang bei einer bestimmten Absenkung.

Werden für eine gegebene Absenkung s die Werte y_m als Ordinaten der zugehörigen Werte A aufgetragen, so bestimmen diese Ordinaten eine y_m-Kurve, die zu jedem A-Wert die günstigste Eintauchtiefe $y = y_m$ bei der vorausgesetzten Absenkung angibt. Diese y_m-Kurve leistet gute Dienste bei Vergleichsberechnungen, die bei praktischen

Absenkungsaufgaben zur Festlegung der Eintauchtiefe und des Halbmessers des Brunnenkreises im Hinblick auf möglichst geringe Gesamtkosten zu empfehlen sind.

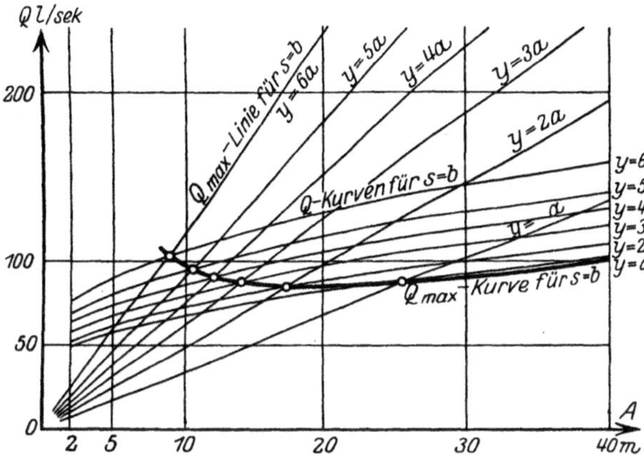

Abb. 36. Konstruktion der Q_{max}-Kurve für verschiedene Eintauchtiefen der Brunnen. Beispiele: $s = b$; $y = a$, $2a$, $3a$, $4a$, $5a$, $6a$.

y_m läßt sich auch gemäß Abbildung 36 bei gegebenem s in Abhängigkeit von A und Q_{max} ermitteln. Dort bestimmen die Schnittpunkte der Q_{max}-Linien mit den zugehörigen Q-Kurven für jeden Wert s eine Q_{max}-Kurve, deren Ordinaten die Größe des bei der betreffenden Absenkung für jeden Abszissenwert A in Betracht kommenden Wasserandranges Q_{max} angeben, der unter Ausnutzung des Fassungsvermögens zur Erzielung der Absenkung von der Absenkungsanlage aufgenommen werden muß.

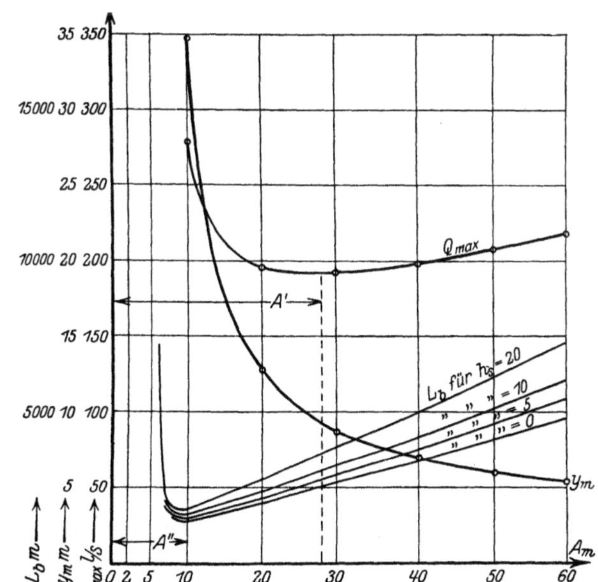

Abb. 37. Abhängigkeit des größten zu bewältigenden Wasserandranges Q_{max}, der günstigsten Eintauchtiefe y_m (gerechnet von der Absenkung im Mittelpunkt des Brunnenkreises) sowie der Gesamtbohrtiefe L_b der Brunnen vom Halbmesser A des Brunnenkreises bei einer gegebenen Absenkung s.

Für jede Ordinate Q_{max} ist der zugehörige Wert $y = y_m$ aus Gleichung (91a) bestimmt, wenn der in Frage kommende Wert A in diese Gleichung eingesetzt wird. Wird A sehr klein gewählt, dann kann eine tiefe Absenkung nur durch Anwendung einer sehr beträchtlichen Eintauchtiefe der Brunnen erreicht werden. Wächst A, so nimmt y_m ab.

Zahlenbeispiel. In Abb. 37 ist der Verlauf der y_m-Kurve für ein Beispiel veranschaulicht. Gleichzeitig ist auch die $Q_{\max}$-Kurve eingetragen.

Folgende Zahlenwerte wurden zugrunde gelegt:

$k = 0{,}0001$ m/sek

$R = 600$ m

$i_0 = \frac{1}{15\sqrt{k}} = 6{,}67$

$\lambda = 5$, $\ln\lambda = 1{,}61$

$x_0 = 0{,}1$ m

$s = 35$ m

A der Reihe nach $= 2; 5; 6; 7; 8; 9; 10; 20; 30; 40; 50$ und 60 m.

Die sich nach Gleichung (91a) und (87) ergebenden Werte y_m und $Q_{\max}$ sind nachfolgend zusammengestellt:

Zahlentafel 13.

A (m)	2	5	6	7	8	9	10	20	30	40	50	60
y_m (m) . . .	—	—	541	105,1	59,3	44,3	34,25	12,69	8,64	6,906	5,93	5,298
$Q_{\max}$ (l/sek) .	—	—	2720	610	390	318	278	195	192	198	208	218

Für $A = 2$ bzw. 5 m sind keine Werte y_m und $Q_{\max}$ eingetragen, da nur solche Werte A möglich sind, für die der Nennerwert $1 - 4U^2 s^2$ in Gleichung (91a) > 0 ist. Setzt man $1 = 4U^2 s^2$, so bestimmt sich hieraus derjenige Wert $A_{\min}$, für den sowohl y_m als auch $Q_{\max}$ unendlich groß werden.

Es wird
$$1 = 2Us$$
$$1 = 2\frac{\lambda s}{2A_{\min} i_0 \ln\frac{R}{A_{\min}}} \tag{92}$$
und
$$A_{\min}\ln\frac{R}{A_{\min}} = \frac{\lambda s}{i_0}. \tag{92a}$$

Mit $R = 600$ m; $\lambda = 5$; $s = 35$ m; $i_0 = 6{,}67$

wird im vorliegenden Falle
$$A_{\min} = 5{,}8 \text{ m}.$$

Es müßte daher $A > 5{,}8$ m gewählt werden, damit unter völliger Ausnutzung des Fassungsvermögens der Brunnen die gewünschte Absenkung erreicht werden kann.

Von den unendlich vielen denkbaren Anordnungen mit $A > 5{,}8$ m, bei denen durch zweckmäßige Wahl des Wertes y, nämlich $y = y_m$, die völlige Ausnutzung des Fassungsvermögens eintritt, indem $F = Q_{\max}$

wird, ist diejenige Lösung in der Praxis zu bevorzugen, bei der die Gesamtkosten am kleinsten werden.

Die Gesamtkosten einer Grundwasserabsenkung setzen sich zusammen aus:

1. Kosten, die unabhängig von der Betriebszeit und abhängig vom Umfang der Anlage sind,
2. Kosten, die lediglich von der Betriebsdauer und dem Wasserandrang abhängen, und
3. Kosten, die sowohl vom Umfang der Anlage, als auch von der Betriebsdauer und vom Wasserandrang beeinflußt werden.

Eine feststehende, allgemeingültige Regel für die Größe der Kosten läßt sich zwar nicht aufstellen, jedoch kann derjenige Wert von A, für den die Gesamtkosten am kleinsten werden, entsprechend den nachfolgenden Überlegungen eingegrenzt werden.

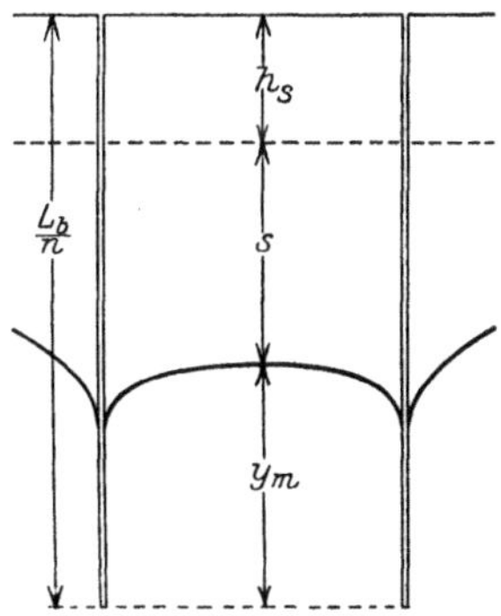

Abb. 38. Bohrtiefe der Brunnen.

Wie Abb. 37 zeigt, hat die $Q_{\max}$-Kurve einen solchen Verlauf, daß es für einen bestimmten Wert $A = A'$ ein Minimum für $Q_{\max}$ geben muß. Dieser Wert A' läßt sich genau genug — wie in Abb. 37 geschehen — auf graphischem Wege durch Auftragung der $Q_{\max}$-Kurve finden. Mit $A = A'$ würde man die kleinsten Betriebskosten erhalten.

Die Aufbaukosten hängen, insbesondere bei Anlagen mit Tiefbrunnenbetrieb, hauptsächlich von der Zahl und Tiefe der Bohrlöcher ab. Liegt der ungesenkte Grundwasserspiegel um das Maß h_s unter Gelände (Abb. 38), so beträgt die Gesamttiefe L_b aller Bohrlöcher

$$L_b = (h_s + s + y_m)\, n \tag{93}$$

bzw. mit $n = \frac{A}{\lambda x_0}$,

$$L_b = (h_s + s + y_m)\, \frac{A}{\lambda x_0}, \tag{94}$$

L_b wird bei demjenigen Wert A'' ein Minimum, für den gilt

$$\frac{d L_b}{d A} = 0,$$

wobei $y_m = f_1(A)$ und $\lambda = f_2(A)$.

Dieser Wert A'' läßt sich ebenfalls graphisch finden (vgl. Abb. 37). Er liegt in der Nähe des Wertes $A_{\min}$. Der für die Ausbildung der Anlage zu wählende Wert A wird zwischen A' und A'' liegen müssen.

Eine Ausbildung der Anlage unter Zugrundelegung der geringsten Gesamtbohrlänge, d. h. unter Bemessung von $A = A''$, kommt praktisch kaum in Frage, einmal, weil nicht berücksichtigt ist, daß die Kosten der Anlage auch durch die Bohrtiefe des einzelnen Brunnens beeinflußt werden und weil — worauf schon hingewiesen wurde — bei Werten A, die sich $A_{\min}$ nähern, die Fördermenge stark zunimmt. Man wird die günstigste Anordnung für eine bestimmte Absenkungsaufgabe am besten durch Vergleichskostenberechnungen ermitteln, wobei es die hier besprochenen graphischen Auftragungen ermöglichen, von vornherein zweckmäßige Anordnungen, die die geringsten Kosten erwarten lassen, auszuwählen.

Die Abhängigkeit der Gesamtbohrtiefe vom Halbmesser A ist in Abb. 37 graphisch veranschaulicht, wobei h_s der Reihe nach zu 0; 5,0; 10,0 und 20,0 m gewählt wurde.

Für die Werte $A = 6$; 7; 8; 9; 10; 20; 30; 40; 50 und 60 m ergeben sich gemäß Gleichung (94) die nachstehend tabellarisch (Zahlentafel 14) zusammengestellten Werte für L_b, die in Abb. 37 zur Auftragung kamen.

Zahlentafel 14.

A m	$n = \frac{A}{\lambda x_0}$	$y_m + s$ m	L_b für			
			$h_s = 0$	$h_s = 5$	$h_s = 10$	$h_s = 20$ m
6	12	567	6910	6970	7030	7150
7	14	140,1	1960	2030	2100	2240
8	16	94,3	1510	1590	1670	1830
9	18	79,3	1430	1520	1610	1790
10	20	69,25	1385	1485	1585	1785
20	40	47,69	1960	2160	2360	2760
30	60	43,64	2620	2920	3220	3820
40	80	41,906	3355	3755	4155	4955
50	100	40,93	4093	4593	5093	6093
60	120	40,298	4840	5440	6040	7240

Die Minima der Gesamtbohrtiefe L_b liegen für alle vier Fälle $h_s = 0$; 5; 10; 20 m bei $A = A'' = 10{,}0$ m. Für Vergleichskostenberechnungen wäre daher im vorliegenden Beispiel die Größe A auf Werte zwischen $A'' = 10{,}0$ und $A' = 28{,}0$ m zu bemessen.

Soll die Zahl der Brunnen und damit die Gesamtbohrtiefe eingeschränkt werden, so muß der zur Anwendung kommende Brunnendurchmesser vergrößert werden. Für die zutreffende Wahl des Brunnendurchmessers sind einmal die Bohrkosten maßgebend, die von der Zusammensetzung der zu durchbohrenden Bodenschichten und vom Bohrrohrdurchmesser abhängig sind; ferner ist, sofern Tauchmotorpumpen zur Anwendung kommen, die Pumpenleistung von Einfluß auf die Größe des Brunnendurchmessers. In der Praxis wird man so vorgehen, daß zunächst der zweckmäßigste Brunnendurchmesser bestimmt wird; sodann können die Werte A' und A'' ermittelt und durch Vergleichsrechnungen der günstigste Wert A bestimmt werden.

E. Tiefsenkung über einer grundwassertragenden, undurchlässigen Schicht.

In einem weiteren Zahlenbeispiel werden nachfolgend die Verhältnisse behandelt, die sich ergeben, wenn die Absenkung möglichst tief bis zu einer, in bekannter Tiefe anstehenden, undurchlässigen, grundwassertragenden Schicht erfolgen soll.

Zahlenbeispiel. Folgende Werte sind zugrunde gelegt:

$k = 0{,}0002$ m/sek

$H = 40$ m

$R = 850$ m (Mittelwert)

$i_0 = 4{,}72$

$\lambda = 5$

$x_0 = 0{,}15$ m.

Ohne Rücksicht auf das Fassungsvermögen der Brunnen ergibt sich die Ordinate des gesenkten Grundwasserspiegels im Mittelpunkt des von den Brunnen im Grundriß umschlossenen Kreises aus der Grundgleichung (26) zu

$$y = \sqrt{H^2 - \frac{Q}{\pi k} \ln \frac{R}{A}}\,. \tag{26d}$$

Die Absenkung s für denselben Punkt beträgt

$$s = H - y = H - \sqrt{H^2 - \frac{Q}{\pi k} \ln \frac{R}{A}}\,. \tag{26e}$$

Für eine Reihe von A-Werten wurden unter der Annahme mehrerer Q-Werte die zugehörigen y-Werte errechnet. Die Ergebnisse sind in Zahlentafel 15 zusammengestellt.

Zahlentafel 15.

A m	y (m) für Q (l/sek) = 50	100	150	200	250	300	350	400
1	32,6							
2	33,5	25,3	12,65					
5	34,5	28,0	19,4					
10	33,3	29,9	23,25	13,7				
20	36,1	31,7	26,6	20,3	10,7			
30	36,5	32,65	28,3	23,15	16,45	2,0		
40	36,8	33,4	29,05	25,05	19,6	11,9		
50							4,47	
60							11,17	
70								3,46
75								7,55
80	37,6	35	32,2	29,1	25,65	21,7	16,85	9,8

Die Werte $s = H - y$ sind in Abb. 39 als Ordinaten zu den Abszissen A aufgetragen worden. Die Verbindungskurven der zu jedem Werte Q gehörigen Ordinaten s stellen die Abhängigkeit der Absenkung von dem Brunnenkreishalbmesser A bei konstanter Entnahme dar, und zwar ohne Berücksichtigung des Fassungsvermögens. Die durch das Fassungsvermögen der Gültigkeit der genannten s-Kurven gezogene Grenze ist dadurch gekennzeichnet, daß A so groß sein muß, daß der der Absenkung entsprechende Wasserandrang Q das Gesamtfassungsvermögen F

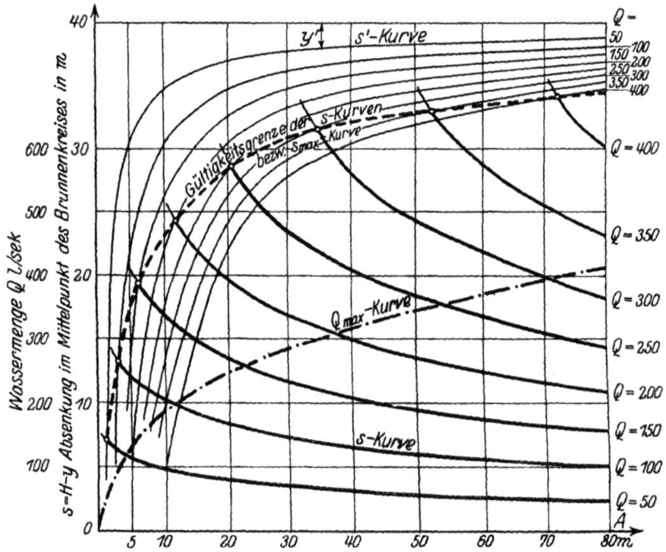

Abb. 39. Absenkung über einer undurchlässigen Schicht. Größtwerte der zu erreichenden Absenkung s_{max} und des zu bewältigenden Wasserandranges in Abhängigkeit vom Brunnenkreishalbmesser A.

nicht übersteigt. Die nutzbare Filterfläche der Brunnen darf also jeweils durch die Absenkung nur soweit eingeschränkt werden, daß $Q \leqq F$ ist.

Bezeichnet y_0' den Grenzwert der Höhe der nutzbaren Filterfläche, für den $Q = F$ gilt, so ist gemäß Gleichung (77)

$$y_0' = \frac{Q}{A} \frac{\lambda}{2\pi\, i_0\, k}. \tag{95}$$

Im vorliegenden Falle gilt

$$y_0' = \frac{Q}{A} \cdot 844 .$$

Werden für Q der Reihe nach wieder die Werte 0,05 m³/sek bzw. 50 l/sek bis 0,4 m³/sek bzw. 400 l/sek eingesetzt, so werden für die obengewählten

Werte A die in nachfolgender Zahlentafel 16 zusammengestellten Werte y_0' erhalten.

Zahlentafel 16.

A m	y_0' (m) für Q (l/sek) =							
	50	100	150	200	250	300	350	400
(1,2)	(35,15)							
2	21,1							
(2,5)		(33,76)						
5	8,44	16,88	25,32	33,76				
10	4,22	8,44	12,66	16,88	21,10	25,32	29,54	33,76
20	2,11	4,22	6,33	8,44	10,55	12,66	14,77	16,88
40	1,055	2,11	3,165	4,22	5,275	6,33	7,385	8,44
(60)							(4,92)	
80	0,5275	1,055	1,5825	2,11	2,6375	3,165	3,6925	4,22

Wir bestimmen nunmehr zu jedem Wert y_0' den zugehörigen Wert y' aus Gleichung (82), indem wir für y und y_0 setzen y' und y_0'. Wir erhalten:

$$(y')^2 = (y_0')^2 + (y_0') \cdot 2 i_0 x_0 \ln \lambda \tag{96}$$

bzw. im vorliegenden Falle

$$y' = \sqrt{(y_0')^2 + y_0' \cdot 2{,}28}\,.$$

Es ergeben sich für die oben errechneten Werte y_0' die in der nachfolgenden Zahlentafel 17 enthaltenen Werte y':

Zahlentafel 17.

A m	y' (m) für Q (l/sek) =							
	50	100	150	200	250	300	350	400
(1,2)	(36,25)							
2	22,2							
(2,5)		(34,9)						
5	9,52	18	26,4	34,9				
10	5,23	9,52	13,75	18	22,25	26,4		
20	3,04	5,23	7,38	9,52	11,64	13,75		
40	1,875	3,04	4,15	5,23	6,32	7,38	8,45	9,52
(60)							(5,96)	
80	1,215	1,875	2,47	3,04	3,6	4,15	4,70	5,23

In Abb. 39 sind die Werte $s' = H - y'$ als Ordinaten zu den Abszissen A eingetragen worden. Der Schnittpunkt der zu jedem Q-Wert gehörigen s'-Kurve mit der entsprechenden s-Kurve bestimmt den Gültigkeitsbereich der s-Kurve unter Berücksichtigung des Brunnenfassungsvermögens dergestalt, daß nur die von den Schnittpunkten rechts gelegenen Zweige der s-Kurven gültig sind.

Die Verbindungskurve aller Schnittpunkte stellt die Gültigkeitsgrenze aller s-Kurven dar und gibt die Abhängigkeit der unter Berücksichtigung des Fassungsvermögens zu erreichenden Absenkung vom Brunnenhalbmesser A an.

Diese Kurve kann auch gemäß Gleichung (84)

$$H^2 - y^2 = \frac{2A i_0'}{\lambda}\left[\sqrt{y^2 + (i_0' x_0 \ln\lambda)^2} - i_0' x_0 \ln\lambda\right]\ln\frac{R}{A}$$

unmittelbar dargestellt werden. Für den betrachteten Sonderfall ist H konstant. Die Auflösung nach y liefert:

$$y = \sqrt{\left(H^2 + W + \frac{1}{2U^2}\right) - \sqrt{W^2 + \frac{H^2 + W}{U^2} + \left(\frac{1}{2U^2}\right)^2}}, \qquad (97)$$

wobei

$$W = \frac{V}{U} \qquad (98)$$

und $V = i_0' x_0 \ln\lambda$ [vgl. Gleichung (90)], sowie $U = \dfrac{\lambda}{2A i_0' \ln\dfrac{R}{A}}$ [vgl. Gleichung (89)] zu setzen ist.

Für unser Beispiel werden folgende, in nachfolgender Zahlentafel 18 zusammengestellten Werte y erhalten:

Zahlentafel 18.

A m	$\ln\frac{R}{A}$	U	V	$W = \frac{V}{U}$	y m
2	6,05	0,043375	1,138	26,0	39,8
5	5,13	0,02065	1,138	55,1	23,15
10	4,44	0,01193	1,138	95,4	16,90
20	3,74	0,00708	1,138	160,7	11,40
30	3,34	0,00529	1,138	214,2	9,20
40	3,05	0,00434	1,138	262,5	7,90
80	2,36	0,002805	1,138	406	5,50

Die in vorstehender Zahlentafel enthaltenen y-Werte sind Kleinstwerte. Bei Ausnutzung des Brunnenfassungsvermögens können für jeden der angegebenen A-Werte die entsprechenden y-Werte nicht unterschritten werden. Die zu jedem Wert $y = y_{\min}$ gehörige Absenkung $s_{\max} = H - y_{\min}$ stellt den Größtwert der mit dem zugehörigen A-Wert zu erreichenden Absenkung dar.

Die Auftragung der Werte $s_{\max}$ als Ordinaten zu den Abszissen A in Abb. 39 liefert eine $s_{\max}$-Kurve, die sich mit der Gültigkeitsgrenze aller s-Kurven deckt.

Abb. 39 lehrt, daß eine Absenkung unter Innehaltung eines gegebenen Wertes y nur durch entsprechende Wahl von A erreicht werden kann. Der Verlauf der $s_{\max}$-Kurve zeigt, daß mit abnehmenden Werten

y bzw. zunehmenden Werten s der Halbmesser A immer stärker wächst und dementsprechend auch die zu bewältigende Wassermenge Q_{max}, deren Abhängigkeit von A aus der eingezeichneten Q_{max}-Kurve hervorgeht.

Es ergibt sich die wichtige Folgerung, daß bei einer Tiefsenkung des Grundwasserspiegels über einer undurchlässigen Schicht mit der Annäherung des abgesenkten Spiegels an das Hangende jener Schicht die aufzuwendenden Mittel unverhältnismäßig stark anwachsen. In der Praxis wird daher ein Mindestwert von y nicht unterschritten werden können.

F. Anordnung engerer Brunnenabstände; $b < 5 \cdot 2\pi x_0$, bzw. $\lambda < 5$.

Ist die Aufgabe gestellt, eine bestimmte Absenkung über einer undurchlässigen Schicht unter Innehaltung eines gegebenen Wertes A zu erreichen, so kann es erforderlich werden, andere Brunnenabstände als $b = 5 \cdot 2\pi x_0$ zu wählen.

Der im vorigen Abschnitt (III. E.) besprochenen s_{max}-Kurve liegen Brunnenabstände $b = 5 \cdot 2\pi x_0$ zugrunde. Ergibt sich, daß zu der Ordinate $s_{max} = H - y_{min}$ eine Abszisse A gehört, die größer ist als der gegebene, nicht zu überschreitende Wert A, so muß $b < 5 \cdot 2\pi x_0$ bzw. $\lambda < 5$ gewählt werden.

Nimmt λ von 5 gegen 0 ab, so vermindert sich auch die Brunnenleistung, und zwar ist, wie schon gezeigt wurde, die Abnahme der Brunnenleistung anfangs gering; erst wenn sich λ dem Wert 1 nähert, nimmt die Brunnenleistung stärker ab.

Nimmt man die Verminderung der Aufnahmefähigkeit des einzelnen Brunnens in Kauf, so hat man andererseits, wie der Verlauf der Q-Kurve in Abb. 39 zeigt, den Vorteil, daß wegen des kleineren A-Wertes der zu bewältigende Wasserandrang geringer ist.

Man wird A indessen nicht beliebig verkleinern können, da schließlich λ so klein werden würde, daß eine unverhältnismäßig große Brunnenzahl und dementsprechend eine übermäßig große Gesamtbohrlänge nötig wäre.

Für die rechnerische Ermittlung von λ ist zu beachten, daß bei der vorliegenden Aufgabe A und y gegebene Größen sind. λ ist so zu bestimmen, daß Gleichung (84) in der allgemeinen, für beliebige Werte λ gültigen Form erfüllt wird. Diese lautete:

$$H^2 - y^2 = \frac{2A\,i_0'}{\lambda}\left[\sqrt{y^2 + (i_0' x_0 \ln \lambda)^2} - i_0' x_0 \ln \lambda\right] \ln \frac{R}{A},$$

wobei gemäß Gleichung (69)

$$i_0' = i_0 \frac{1}{1 + \frac{1}{2\lambda} \frac{x_0}{2A}},$$

bzw. unter Vernachlässigung von $\frac{x_0}{2A}$,

$$i_0' = i_0 \frac{1}{1 + \frac{1}{2\lambda}},$$

oder auch für Werte $\lambda < 5$ nach Gleichung (75a)

$$i_0' = i_0 \frac{1{,}1}{1 + \frac{1}{2\lambda}} \tag{75b}$$

einzuführen ist. Die Ermittlung von λ aus Gleichung (97) erfolgt zweckmäßig graphisch unter Zuhilfenahme von Gleichung (75b). Für eine Reihe angenommener Werte λ werden gemäß Gleichung (97) die zugehörigen Werte λ bestimmt. Sodann werden die Werte y als Ordinaten zu den Werten λ als Abszissen aufgetragen, ferner wird die Kurve der λ-Werte (in Abhängigkeit von y) gezeichnet. Zu dem gegebenen y-Wert kann schließlich das zugehörige λ mit Hilfe jener λ-Kurve festgelegt werden.

Zahlenbeispiel. Folgende Zahlenwerte wurden zugrunde gelegt:

$$k = 0{,}0002 \text{ m/sek}$$

$$H = 40 \text{ m}$$

$$R = 850 \text{ m}$$

$$x_0 = 0{,}15 \text{ m}.$$

Es soll mit $A = 20$ m eine Absenkung $s = 33$ m im Mittelpunkt des Brunnenkreises erreicht werden, so daß also $y = H - s$ sich zu 7,00 m ergibt.

λ wird der Reihe nach zu 2,25; 2,50; 3,00; 4,00 und 5,00 gewählt. Die zugehörigen Werte y werden sodann gemäß Gleichung (97) errechnet. Die Ausrechnung liefert folgende Werte:

Zahlentafel 19.

λ	$\ln \lambda$	$i_0' = i_0 \cdot \frac{1{,}1}{1+\frac{1}{2\lambda}}$	$U = \frac{\lambda}{2A\, i_0' \ln \frac{R}{A}}$	$V = i_0'\, x_0 \ln \lambda$	$W = \frac{V}{U}$	y (m)
2,25	0,811	4,24	0,00354	0,516	145,5	6,04
2,50	0,916	4,32	0,00387	0,594	153,4	6,56
3,00	1,096	4,46	0,00449	0,732	163,0	7,53
4,00	1,382	4,62	0,00579	0,957	165,3	9,63
5,00	1,61	4,72	0,00708	1,138	160,7	11,40

Mit Hilfe der Koordinaten λ und y findet man die in Abb. 40 dargestellte Abhängigkeitskurve der Werte λ und y. Für $y = 7{,}00$ m ergibt sich graphisch $\lambda = 2{,}75$. Wird $\lambda = 2{,}75$ zur Probe in Gleichung (97) eingesetzt, so errechnet sich mit $\ln \lambda = 1{,}012$, $i_0' = 4{,}38$, $U = 0{,}00418$, $V = 0{,}666$ und $W = 159{,}1$ y zu 7,05 m. Dieses Ergebnis ist genau genug, um so mehr, als bei Absenkungen des Grundwasserspiegels meist mit einem Sicherheitszuschlag von rund 0,5 m gerechnet wird, dergestalt, daß die Absenkung noch um den Sicherheitszuschlag unter dem tiefsten Punkt der trocken zu legenden Baugrube bleibt.

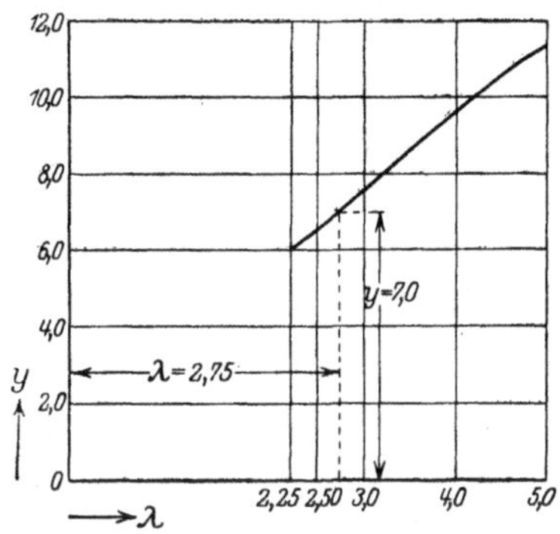

Abb. 40. Graphische Bestimmung des Wertes λ bzw. des Brunnenabstandes ($b = \lambda \cdot 2 x_0 \pi$) für den Fall, daß die Größen A, s und y festliegen.

IV. Schlußwort.

Wie einleitend gezeigt wurde, kann die Theorie der Grundwasserabsenkung nicht als abgeschlossen betrachtet werden. Ihr weiterer Ausbau ist um so notwendiger und erwünschter, als das Grundwasserabsenkungsverfahren heute im Grundbau eine wichtige Stelle einnimmt und eine weitere günstige Entwicklung hinsichtlich der Ausdehnung des Anwendungsgebietes des Verfahrens und seiner technischen Vervollkommnung erwartet werden kann.

Unter den bisher noch nicht restlos geklärten Fragen ist diejenige der Brunnenleistung, bzw. des Brunnenfassungsvermögens, eine der wichtigsten, da die bisher geübte Abschätzung der Brunnenleistung auch dann, wenn alle übrigen in Frage kommenden Grundwerte bekannt waren, eine Unsicherheit in die Rechnung hineinbrachte, die den Wert der Rechnungsergebnisse zum mindesten stark herabsetzte.

Diese Lücke in der Theorie zu schließen, ist das Ziel dieser Arbeit. Auf empirischem Wege wurde eine Bestätigung für den schon von Kyrieleis vermuteten Zusammenhang zwischen dem Bodendurchlässigkeitswert und der Höchstgeschwindigkeit des Grundwassers gefunden. Von diesem Ergebnis ausgehend, konnte eine einfache Beziehung zwischen dem k-Wert und dem zugehörigen, in der betreffenden Bodenart gültigen Höchstgefälle des Grundwassers aufgestellt und dem neu eingeführten Rechnungsgrundwert, dem Brunnenfassungsvermögen, eine neue Gleichung gegenübergestellt werden.

Die Vereinigung der neuen Gleichungen mit den bekannten Absenkungsgleichungen von A. Thiem und Ph. Forchheimer ergab erweiterte Absenkungsgleichungen, die den Einfluß des Brunnenfassungsvermögens berücksichtigen und die bisherigen Abschätzungen ausschalten. Betrachtungen über den Einfluß des Brunnenabstandes auf das Spiegelgefälle am äußeren Brunnenmantel führten zu einer Ergänzung der neuen Absenkungsgleichungen, die diesem Einfluß Rechnung trägt.

Die neuen Formeln zeigen ferner, daß das Absenkungsergebnis in beträchtlichem Maße von der Größe des Brunnenhalbmessers und der Eintauchtiefe der Brunnen abhängig ist. An Hand einer Reihe von Zahlenbeispielen ist die gegenseitige Abhängigkeit der Konstruktionswerte und der Rechnungsgrundwerte untersucht und durch graphische Darstellungen verdeutlicht worden.

Die Bedeutung der neuen Absenkungsgleichungen für die Theorie der Grundwasserabsenkung läßt sich allgemein dahingehend zusammenfassen, daß nunmehr eine rein analytische Behandlung solcher Aufgaben möglich ist, sofern die Werte k, R und H festliegen.

Die unter Berücksichtigung der Brunnenleistung erzielte Erweiterung und Ergänzung der Theorie kommt ganz besonders der Berechnung von Tiefsenkungen zugute. Über tiefere Absenkungen urteilt Kyrieleis[1], daß bei sehr tief herabgezwungener Absenkung wegen der hohen Spiegelgefälle die Formeln von Thiem und Forchheimer bzw. das Darcysche Gesetz nicht mehr gültig seien. Demgegenüber ergeben die vorstehenden Ausführungen, daß das Gefälle des der Absenkungsanlage zuströmenden Grundwassers den vom k-Wert abhängigen Grenzwert nicht überschreiten kann. Es findet deshalb bei tieferer Herabzwingung des Grundwasserspiegels keine zunehmende Zuspitzung der mit der Absenkung verbundenen Trichterbildung statt, und es darf erwartet werden, daß für alle Absenkungstiefen die den vom Darcyschen Gesetz abgeleiteten Absenkungsformeln zugrunde liegenden Voraussetzungen zutreffen. Die neuen Absenkungsformeln, die das Grundwasserhöchstgefälle berücksichtigen, dürfen daher für jede beliebige Absenkungstiefe zugrunde gelegt werden. Sie ermöglichen es, jeweils die Abmessungen der Wasserfassungseinrichtung, d. h. Anzahl, Halbmesser, Eintauchtiefe und Abstände der Brunnen unter Berücksichtigung der Wirtschaftlichkeit so zu bemessen, daß die Innehaltung des Höchstgefälles bzw. der durch das Fassungsvermögen gezogenen Grenzen gewährleistet ist.

Absenkungsanlagen unter Verwendung von Tiefbrunnen, die mit Tauchmotorpumpen ausgerüstet sind, unterscheiden sich hinsichtlich der hydrologischen Rechnung von den Staffelanlagen dadurch, daß die Förderleistung jedes Brunnens auch durch die Leistung der Tauchmotorpumpe bestimmt wird. Die Brunnenabmessungen sind daher möglichst

[1] Kyrieleis, W.: Grundwasserabsenkung usw. S. 38.

so zu ermitteln, daß das sich ergebende Fassungsvermögen die Leistung der Tauchmotorpumpe nicht übersteigt. Die oben entwickelten erweiterten Absenkungsgleichungen können dieser Anforderung gerecht werden, da sie den Einfluß aller in Betracht kommenden Größen, wie Brunnenhalbmesser, Eintauchtiefe und Brunnenabstand, berücksichtigen. Sie sind daher auch für die Berechnung von Absenkungsanlagen mit Tiefbrunnen grundlegend.

Die vorstehend zusammenfassend gewürdigte Bedeutung des Brunnenfassungsvermögens für die Theorie der Grundwasserspiegelsenkung wird dadurch nicht eingeschränkt, daß eine Reihe von vereinfachenden Annahmen bei den Ableitungen gemacht wurde. So wurden die Entwicklungen neuer Gleichungen auf den Fall kreisförmiger Grundrißanordnung beschränkt und die Reichweite R bei den Zahlenbeispielen mehrfach als konstant behandelt. Auch dann, wenn der Grundriß der trockenzulegenden Fläche erheblich von der Kreisform abweicht, ist zu empfehlen, zunächst einen Brunnenkreis gleicher Fläche zugrunde zu legen. Eine Nachprüfung des Ergebnisses dieser ersten Rechnung mit veränderter Grundrißanordnung wird im allgemeinen nur unwesentliche Abweichungen ergeben, denen durch Hinzufügen einiger Brunnen Rechnung getragen werden kann. Will man sich über den Einfluß der Veränderlichkeit der Reichweite R Aufschluß verschaffen, so empfehlen sich Vergleichsrechnungen unter Benutzung der in Abschnitt II, C, 2 mitgeteilten graphischen Auftragung. Ist die Reichweite zwischen den Werten R_1 und R_2 eingegrenzt und für die größere Reichweite R_1 der Wasserandrang Q_1 und die Brunnenzahl n_1 ermittelt, so darf angenähert $n_2 = n_1 \frac{Q_2}{Q_1}$ gesetzt werden, nachdem der zu R_2 gehörige Wert Q_2 der Zeichnung entnommen ist.

Schrifttum.

Beger, K.: Versuche zur Bestimmung der Wasserdurchlässigkeit von Sand. Bauing. 1922.

Beger, K.: Zur Beurteilung von Grundwasserabsenkungsflächen beim Brunnenbetriebe. Bautechn. 1923.

Bohlmann, A.: Die Grundwasserabsenkung bei dem Schleusenbau zu Brunsbüttelkoog. Dissert. Braunschweig 1913.

Bonnet, L. u. S. Blockmans: The Drainage of Dock Excavations. The Dock and Harbour Authority. April 1925.

Bonnet, L.: Epuisement par tubes filtrants de la fouille de la nouvelle écluse maritime du Kruisschans à Anvers. La Technique des Travaux. Lüttich. Juni 1925.

Darapsky, L.: Filtergeometrie. Zeitschr. f. Math. u. Phys. vom 11. Januar 1912.

Enzweiler, M.: Die Grundwasserabsenkungsmethode in ihrer Anwendung auf den Unterwassertunnelbau. Berlin 1918.

Forchheimer, Ph.: Wasserbewegung durch Boden. Z. D. J. 1901.

Forchheimer, Ph.: Grundwasserspiegel bei Brunnenanlagen. Zeitschr. d- öster-Ing.- und Arch.-Vereins 1898.

Forchheimer, Ph.: Hydraulik. 1914.

Forchheimer, Ph.: Zur Theorie der Grundwasserströmungen. Wien 1919.

Fossa-Mancini: Sur le débit des puits dans les terrains perméables. Ann. des ponts et chaussées. 6. Lieferung, S. 823. 1890.

Gerlach, F.: Die elektrische Untergrundbahn der Stadt Schöneberg. Zeitschr. f. Bauw. 1911.

Kain, G.: Entwässerung hangender und liegender Gebirgsschichten im Braunkohlentiefbau. Braunkohle 1924.

Kress, H.: Der heutige Stand des Grundwasserhaltungsverfahrens und seine Bedeutung für die Tiefgründungstechnik. Mitt. a. d. Gesellsch. Siemens & Halske A.-G., Siemens-Schuckertwerke. 1914.

Kyrieleis, W.: Grundwasserabsenkung bei Fundierungsarbeiten. Berlin: Julius Springer 1913.

Lummert, R.: Neue Methode der Bestimmung der Durchlässigkeit wasserführender Bodenschichten. Braunschweig 1917.

Müller, H.: Der Aufschluß des zweiten Flözes der Grube Matador bei Senftenberg i. L. Braunkohle 1925.

Prinz, E.: Handbuch der Hydrologie. Berlin: Julius Springer 1919.

Rother, M.: Die Ergiebigkeit unvollkommener Brunnen. Journ. f. Gasbeleuchtung und Wasserversorgung. 1904.

Rother, M.: Übergang vom ruhenden Grundwasser zum Grundwasserstrom. Wasser u. Gas. 1921.

Schultze, J.: Die neuere Entwicklung des Grundwasserabsenkungsverfahrens. Bautechn. 1923.

Schultze, J.: Die Grundwasserabsenkung in Theorie und Praxis. Berlin: Julius Springer 1924.

Schultze, J.: Reichweite und Ergiebigkeit einer Grundwasserabsenkung in Abhängigkeit von der Betriebsdauer. Bautechn. 1923.

Schonnopp, K. E.: Gefährdete Baugruben. Bautechn. 1926.

Sichardt, W.: Fortschritte des Grundwasserabsenkungsverfahrens, dargestellt an neueren Ausführungen. Bauing. 1923.

Sichardt, W.: Grundwasserabsenkung im Bergbau. V. d. J.-Nachr. vom 27. Februar 1924.

Sichardt, W.: Das Grundwasserabsenkungsverfahren beim Teufen im wasserreichen Gebirge. Deutsche Bergwerkszeitung. Jubiläumsausgabe Nr. 7 vom März 1925.

Sichardt, W.: Das Grundwasserabsenkungsverfahren bei der Gründung des Krafthauses in Gratwein. Wasserwirtsch. Wien 1926.

Sichardt, W.: Die Anwendung von Tiefbrunnenpumpen zur Trockenlegung von Baugruben. Siemens-Zeitschrift. April 1927.

Smreker, O.: Das Grundwasser, seine Erscheinungsformen, Bewegungsgesetze und Mengenbestimmung. Leipzig: Wilh. Engelmann 1914.

Steen, Th.: Mammutpumpenanlage zur Untertunnelung der Spree. Zentralbl. der Bauverw. 1911.

Steiner, L.: Tiefbohrwesen, Förderverfahren und Elektrotechnik in der Erdölindustrie. Berlin: Julius Springer 1926.

Thiem, G.: Hydrologische Methoden. Leipzig: Gebhardts Verlag 1906.

Tietze, H.: Die Tiefbauarbeiten beim Umbau der Staatsoper in Berlin. Dt. Bauw. 1927.

Versluys, J.: Opmerking naar aanleiding van de grondwaterverlagingstheorie van Dr. Ing. J. Schultze. De Ing. 1925.

Wehe, H.: Tiefgründungen in der Nähe bestehender Bauwerke. Deutsche Bauzeitung. 1925,H. 27.

Züricher Kantonalbank: Die Grundwasserabsenkung beim Neubau der ... Schweiz. Bauzg. vom 27. September 1924.

GPSR Compliance

The European Union's (EU) General Product Safety Regulation (GPSR) is a set of rules that requires consumer products to be safe and our obligations to ensure this.

If you have any concerns about our products, you can contact us on ProductSafety@springernature.com

In case Publisher is established outside the EU, the EU authorized representative is:

Springer Nature Customer Service Center GmbH
Europaplatz 3
69115 Heidelberg, Germany

Batch number: 10682323

Printed by Printforce, the Netherlands